Filigrane Leichtigkeit

Philippe Perdereau | Didier Willery

Filigrane Leichtigkeit

Außergewöhnliche Gräsergärten entdecken

Aus dem Französischen von Sabine Hesemann

Ulmer

INHALT

12 Grasgärten

Weitere originelle Gestaltungsideen mit Gräsern

Vor 20 Jahren dachte man, die Gartengestaltung mit Gräsern wäre ein vorübergehendes Phänomen, eine reine Modeerscheinung. Nun ist diese Erscheinung aber nicht verblasst, sondern mit jedem Jahr glanzvoller geworden. Gräser sind für Gärtner verführerisch, und sie erhalten auch in unseren Beeten zunehmend Raum.

Tatsächlich können Gräser fast alle Pflanzen des Gartens ersetzen, abgesehen von Bäumen und Kletterpflanzen. Sie bringen Blüten und bunte Blätter hervor, dazu unterschiedlichste Texturen, Staturen und Größen, aber sie bieten auch eine Vielzahl von Anpassungen an ihre Umgebung, seien es kühle und immerfeuchte Plätze oder die trockensten Standorte. Was jedoch die Gärtner von heute, egal ob Amateur, leidenschaftlicher Sammler, professioneller Gärtner oder Landschaftsgestalter, am meisten reizt, ist die unglaubliche Fähigkeit der Gräser „von selbst zu wachsen" und dabei nur gelegentliche Pflege zu verlangen. Kurzum – Gräser pflanzt man und dann bewundert man sie …

Der Gartenbau versteht unter Gräsern verschiedene Pflanzenarten aus der Familie der Poaceae (früher auch Gramineae genannt), wie die echten Süßgräser Weizen, Hafer oder Glatthafer, aber auch Seggen (*Carex*) aus der Familie der Cyperaceae, die Binsen (Familie der Juncaceae) und andere Gewächse mit grasartig aussehenden Blättern, wie *Liriope* oder *Ophiopogon* (Liliaceae) oder Kalmus (*Acorus*) aus der Familie der Araceae. Gewöhnlich wird der Bambus ausgeschlossen, obwohl er zur Familie der Poaceae zählt. Er unterscheidet sich von den anderen Gräsern durch die Verholzung und den mehrjährigen Bestand der Halme. In diesem Buch halten wir es ebenso und verzichten auf Bambus, da er sich in der Verwendung deutlich von den landläufigen Gräsern unterscheidet.

Uns interessieren hier besonders die Verwendungsmöglichkeiten der Gräser: Welche Rolle spielen sie im Garten? Was macht ihre Schönheit aus? Die Antwort auf diese Fragen ist allerdings einfach und kompliziert zugleich.

Im Allgemeinen werden Gräser aufgrund ihrer dekorativen Blüten- und Fruchtstände ausgewählt, wegen ihrer lebendigen Farben oder wegen der Dauerhaftigkeit ihres Laubwerkes. Manche sind im Frühling besonders attraktiv, andere im Herbst oder sogar Winter.

Die schönsten Sorten weisen einen bemerkenswerten Habitus oder eine besondere Färbung auf – Gräser sind Zierde und geben Struktur.

Links:
Der Garten von Piet Oudolf in Hummelo im östlichen Holland ist eine zeitgenössische Komposition, in der die Natürlichkeit von Gräsern und Stauden mit der kraftvollen Wirkung streng geschnittener Sträucher kontrastiert. Piet Oudolf hat die derzeit herrschende Popularität von Gräsern wesentlich mit beeinflusst. Er liebt die trockenen Halme im Herbst und Winter ebenso wie das frische Grün im Frühling und Sommer

1

2

3

Ihr größter Trumpf liegt in ihrem „Naturaspekt“. Schon eine kleine, mit Gäsern bewachsene Fläche in einer blühenden Staudengruppe gleicht die gekünstelte Wirkung eines Blumenarrangements nachhaltig aus. Leichtigkeit, Transparenz und natürliche Spontaneität machen sich breit. Und der Blick verändert sich. Er wird nicht mehr nur auf die Blüten und ihre Farben gelenkt, sondern er wird sensibilisiert für Textur-Kontraste und das Spiel von Licht und Schatten. Da die Gräser mit fast allen anderen Stauden kontrastieren – Letztere tragen ja alle vergleichsweise große Blätter –, führt schon allein die reichhaltige Verwendung von Gräsern in Beeten voller Stauden oder Sträuchern eine Komposition zum Erfolg, besser noch als ein ausgefeiltes Farbenspiel oder die aufwendige Gestaltung von Masse und Volumen.

Für eine gelungene Pflanzung dieser Stilrichtung genügt es jedoch nicht, einige Horste Gräser zwischen die Blumen zu säen. Man muss dabei schon ein paar wichtige Regeln beachten. Da über diese Regeln bereits viele Autoren geschrieben haben, scheint es uns lehrreicher, eine Auswahl von Kurzberichten über schöne zeitgenössische Gärten zusammenzustellen, in denen Gräser eine bedeutende Rolle spielen.

Lassen Sie sich durch die Schönheit der Bilder betören, denn jeder Gärtner – Amateur oder Profi – kann aus den Beispielen viele Anregungen gewinnen und die Ideen in seine eigenen Pflanzungen einfließen lassen.

Die Abfolge richtet sich nach der immer komplexeren Verwendung von Gräsern: von einfachen Mischungen aus Gräsern und blühenden Stauden bis hin zu Flächen, die durch Gräser dominiert werden. Dabei können sie wild und natürlich oder sehr geordnet stehen. Immer werden dabei geschmeidige Strukturen angestrebt, die zu allen Jahreszeiten gleichermaßen spektakulär und ungewöhnlich wie attraktiv wirken. Wir haben diese kurzen Berichte um eine Reihe von Szenerien ergänzt, die einige Punkte herausgreifen und besondere Gestaltungssituationen genauer beleuchten.

Auch wenn das Sortiment der verfügbaren Gräser jedes Jahr durch die Einführung neuer Arten und die Selektion der schönsten Varietäten sowie die umfangreiche Züchtungstätigkeit wächst, ergibt sich doch ein relativ eingeschränktes Sortiment der „sicheren“ Arten, also robuster Pflanzen mit bekannter und vorhersehbarer Wirkung.

Wir haben sie am Ende des Buches verzeichnet und dabei jeweils ihre Hauptmerkmale und Kulturansprüche ergänzt.

1 Malerische Gräser wie das Riesen-Federgras (*Stipa gigantea*) erlauben symmetrische Gestaltungen von großer Leichtigkeit.

2 Hell glänzende Gräser, wie die Silber-Chinaschilf-Sorte *Miscanthus sinensis* 'Morning Light', bilden einen schönen Kontrast zu Formschnittgehölzen und -hecken.

3 Leichte Gräser, wie Echtes Federgras (*Stipa pennata*), wiegen sich schon im geringsten Windhauch.

4

5

4 Hochwüchsige Gräser, wie Sorten von Silber-Chinaschilf (*Miscanthus sinensis*), in Kombination mit Stauden gleicher Statur bilden eine Art riesiger Prärie.

5 Üppige Gräser verschmelzen zu wunderbaren „Wiesen", spektakulärer und dauerhafter als ein Feld von Blumen.

Nachfolgende Doppelseite:
Die freie, fließende Gestaltung von Gräsern um einen dichten, starren Block geschnittener Eiben verkörpert alles, was Gräser zu einem zeitgenössischen Garten beitragen können: Bewegung, Natürlichkeit und eine außergewöhnliche Pflanzweise. [Gestaltung: Jikke Hamerpagt]

Wer seine Kenntnisse über die Gräser und ihren wirkungsvollen Einsatz erweitern möchte, sei auf ausführlichere Literatur zum Thema verwiesen.

Die Kultur der Gräser bereitet kaum Probleme, vor allem dann nicht, wenn man die Arten passend zu den gegebenen Standort- und Klimabedingungen auswählt.

Am besten pflanzt man die Gräser im Frühling. Zu diesem Zeitpunkt wurzeln sie gut an und wachsen auch sehr rasch, da ihre Wachstumsperiode sowieso gerade beginnt; je nach Art und Region wäre das zwischen Februar und Anfang Mai. Das ist auch der günstigste Zeitpunkt, um bereits gewachsene Pflanzen durch Teilung zu vermehren. Im Gegensatz zu zahlreichen Stauden ist es bei Gräsern nur selten nötig, sie zu teilen, um ihr Weiterleben zu gewährleisten. Leider ist das im April und Mai im Handel angebotene Sortiment im Vergleich zum Spätsommer-Angebot im September und Oktober kläglich, und dies gilt sowohl für die Gärtnereien als auch für die spezialisierten Züchter. Im Herbst ist aber die Pflanzung einiger empfindlicher Gräser kritisch, da zu dieser Zeit das Wurzelwachstum ruht und manche Arten empfindlich auf die verstärkte winterliche Nässe reagieren. Am besten kauft man daher die Pflanzen im Herbst ein und überwintert sie nach „Baumschulart", indem man sie mit den Töpfen im Boden einschlägt, ohne am Wurzelwerk zu rühren. Sobald die Pflanzen im Frühjahr wieder erwachen, sollte man kräftige Pflanzen teilen. Sie wachsen dann auch rascher, als wenn man sie unbearbeitet einpflanzt. Man setzt sie gleich an den ihnen zugedachten, endgültigen Standort.

Wir gehen davon aus, dass der Gräserboom so schnell nicht enden wird, denn Gräser geben uns die Gelegenheit, unsere Pflanzungen in großen Beeten oder schmalen Rabatten neu zu gestalten oder sogar die Gärten selbst zu überdenken. Sie bedeuten für den Garten mehr Natürlichkeit und gleichzeitig weniger Arbeit. Ist das nicht außerordentlich verlockend?

Kulisse für Blütenstauden

Marchant's Hardy Plants, Spezial-Gärtnerei, Laughton, Sussex, Großbritannien
Gestaltung: Graham Gough & Lucy Goffin

Oben: Hier steht *Miscanthus sinensis* 'Malepartus' in wundervoller Herbstfärbung.

Links: Salbei (*Salvia uliginosa*) stützt sich auf den niedrigen *Miscanthus sinensis* 'Adagio' vor dem purpurnen Blattwerk des Perückenstrauchs *Cotinus coggygria* 'Royal Purple'. Den Hintergrund bilden zwei *Miscanthus-sinensis*-Sorten: die aufrechte 'Professor Richard Hansen' und die leicht überhängende 'Rotsilber'.

„Suchen Sie Inspirationen zum Einsatz von Gräsern, dann sind Sie bei Marchant's absolut richtig". So lautet die Empfehlung einer der berühmtesten englischen Gartengestalterinnen für die bekannte, kleine Gärtnerei unter der Leitung eines passionierten Paares. Der an die Gärtnerei angeschlossene Garten, zugleich Vorratshaltung der Mutterpflanzen, ist geschickt an einem nach Süden ausgerichteten Hang angelegt – mit einer der schönsten Aussichten der gesamten Region. Zum Blick in die Ferne gesellt sich hier auch ein nahezu fortwährender Wind. Der Boden ist sehr lehmig und eignet sich nur für sehr robuste Pflanzen, wodurch die Gärtnerei so berühmt wurde. Die meisten Gräser sind für die schwierigen Bedingungen wie gemacht, und ihre kräftige Wuchsform stützt auch Stauden, die benachbart stehen. Die sehr windempfindlichen Astern sind davon ausgenommen. Da der Garten nicht besonders groß ist und dennoch eine Vielzahl verschiedener Pflanzen beherbergen soll, kultiviert Graham Gough die Gräser als isolierte Horste zwischen den Stauden. Dadurch kann er sie mit unterschiedlichsten Staudenarten vergesellschaften und so eine Vielzahl unterschiedlicher Kombinationen zur Inspiration seiner Kunden und Besucher präsentieren. Die Gesamtanlage macht mit ihren prächtigen „Fiederbüschen" in jeglicher Hinsicht etwas her.

Graham Goughs *Miscanthus* 'Silver Sceptre' mit seinem frühen silbernen Blütenstand lässt die feinen roten Blütenstände des Kerzen-Wiesenknöterichs (*Bistorta amplexicaulis*) und das lebendige Blau der Aster 'Little Carlow' erstrahlen. Im Hintergrund ein Riesen-Landschilf (*Miscanthus* × *giganteus*), das eine große grüne Säule bildet.

Links:
Der Blick quer durch den Garten erinnert an eine hohe Wildblumenwiese. Alle hier gezeigten Gräser gehören zur Gattung *Miscanthus*, aber es sind verschiedene Arten und Sorten. Der Reiz besteht in den mannigfaltigen Variationen innerhalb eines Themas von Horsten gleicher Gestalt.

Der Kerzen-Wiesenknöterich *Bistorta amplexicaulis* 'Firedance' bildet ab Juli unzählige karminrote Blüten zwischen zartgrünem Blattwerk. *Miscanthus sinensis* 'Ghana' dient als Stütze und mit den warmen Farbtönen seiner Blätter als farblicher Begleiter.

Prachtkerzen (*Gaura lindheimeri*) und weißer Kerzen-Wiesenknöterich (*Bistorta amplexicaulis* 'Alba') stehen zwischen den flaumigen Ähren des Rohr-Pfeifengrases (*Molinia caerulea* subsp. *arundinacea* 'Transparent'). Letztere färben sich einige Wochen später orangerot.

Rechts:
Hier sind *Miscanthus-sinensis*-Sorten mittlerer Wuchshöhe ('Ghana', 'Adagio', 'Yakushima Dwarf' u. a.) als Randbepflanzung des Weges gesetzt. Auf natürliche Weise dienen sie als Stütze für Pflanzen mit empfindlichen Trieben wie *Salvia uliginosa* oder Sonnenbraut-Sorten (*Helenium autumnale*).

Mitten im Herbst, wenn viele Stauden schon verblüht sind, sorgen die Gräser noch einige Wochen lang für Gartenschmuck, manche Arten sogar den gesamten Winter hindurch.

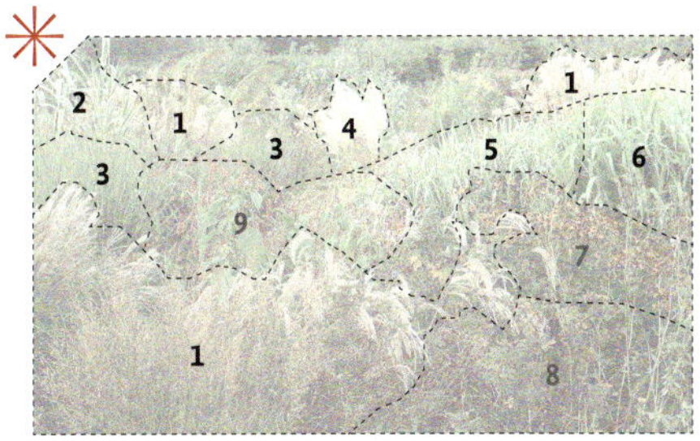

Gräser:

1 *Miscanthus sinensis* 'Kleine Kaskade'
2 *Arundo donax* 'Variegata'
3 *Panicum virgatum*
4 *Cortaderia selloana*
5 *Miscanthus sinensis* var. *condensatus* 'Cabaret'
6 *Miscanthus* × *giganteus*

Andere:

7 *Helenium autumnale*
8 *Sanguisorba officinale*
9 *Persicaria orientalis*

Naturalistische Gestaltung

Privatgarten in der Gegend von Vannes, Morbihan, Frankreich
Gestaltung: Erwan Tymen

Oben: Die Blütenstände des Federborstengrases (*Pennisetum*) erstrahlen im Licht. Es ist einer der Favoriten von Erwan Tymen.

Links: Im Herbst lassen sich die verschiedenen Arten in der Woge des Grases deutlich unterscheiden. Und sie bieten ein grandioses Zusammenspiel.

Obgleich sehr künstlerisch und bis ins kleinste Detail durchdacht, wirken alle Gartengestaltungen von Erwan Tymen sehr natürlich. Und die Gräser spielen dabei eine tragende Rolle. Der nachfolgende Privatgarten, zu Beginn der 1990er-Jahre geplant und nun herangereift, beweist es.

In das bewaldete Hanggelände hinein wurde eine ebenerdige Terrasse vor den großen Fensterflächen angelegt. Die Stützmauer des Hangs wurde aus massiven Eisenbahnschwellen errichtet, die tief in einem Betonfundament verankert sind. Während auf der Terrassenebene ein feiner Duftgarten angelegt wurde, ist der Hang mit einer gigantischen Woge von Gräsern unterschiedlicher Arten bepflanzt. Zeitweise gleichen die verschiedenen Arten einander, dann unterscheiden sie sich wieder stark durch ihre Blütenstände, die in verschiedenen Formen und zu verschiedenen Zeitpunkten erscheinen, oder im Herbst und Winter durch ihre individuellen Färbungen.

Auch wenn die Anlage vollständig mit nicht-heimischen Arten bepflanzt und somit völlig künstlich ist, bildet diese Woge aus Gräsern einen sehr harmonischen, natürlichen Übergang zu den nahen Bäumen und zum Wald. Sie scheint die Terrasse durch ihre Ausdehnung und Masse ebenso wirkungsvoll zu beschützen wie eine Brüstung. Und als einziger Pflegemaßnahme bedarf es ein Mal Mähen pro Jahr …

Japanisches Federborstengras (*Pennisetum alopecuroides*) verhüllt die Bauten, wie z. B. die Steintreppe. Es bedeckt den Weg teilweise, wodurch das Zusammentreffen einen sinnlichen, gleichsam liebkosenden Eindruck erweckt. Die weichen Ährenrispen im sanften Morgenlicht und die biegsamen Halme bilden einen Kontrast zu Härte und Schroffheit der Steine.

Rechts:
Zwei Arten, zwei Etagen: Rohr-Pfeifengras (*Molinia caerulea* subsp. *arundinacea* 'Karl Foerster') in Herbstfarben und Mexikanisches Fiedergras (*Nassella tenuissima*). Interessanterweise gedeihen beide Arten hier ohne Probleme miteinander, obwohl sie sonst auf ganz unterschiedlichen Böden wachsen: Die eine liebt feuchte, die andere gut durchlässige Böden.

Hier steht das Rohr-Pfeifengras (*Molinia caerulea* subsp. *arundinacea* 'Karl Foerster') in kupfergoldener Herbstfärbung neben dem noch grünen Federborstengras (*Pennisetum alopecuroides*).

Im Juni schmückt sich das Riesen-Federgras *Stipa gigantea* mit einem Strauß luftiger goldener Rispen und bildet einen schönen Kontrast zu der Strenge der kegelförmig geschnittenen Eibe (*Taxus baccata*). An der oberen Mauerecke recken einige Büschel Mexikanischen Fiedergrases (*Nassella tenuissima*) ihre goldbraunen Rispen in die Höhe.

Im Oktober hat ein gewaltiges kupferfarbenes Kissen die Nachfolge des Fiedergrases angetreten, während die vorhandenen Riesen-Federgräser (*Stipa gigantea*) etwas ausgedünnt erscheinen. Bei dem Kissen handelt es sich um *Anemanthele lessoniana*, ein zauberhaftes Süßgras aus Neuseeland, das in der Bretagne (wie in allen Regionen mit moderaten Wintertemperaturen) gut gedeiht.

Rechts:
Bei genauerem Hinsehen sind in dieser Woge von Gräsern die unterschiedlichen Texturen und miteinander gemischten Grüntöne zu erkennen. Das Mexikanische Fiedergras (*Nassella tenuissima*) fällt mit der bereits erfolgten Kupferfärbung auf, und im Hintergrund erkennt man die noch jungen, durchschimmernden Blütenstände des Pfeifengrases (*Molinia*).

Im Uferbereich eines anderen Gartens setzte Erwan Tymen Graspflanzungen als Übergang zur natürlichen Vegetation ein. Es ist eine bemerkenswerte Pflanzung von Gewöhnlichem Strandroggen (*Leymus arenarius*), einer Art die spontan auf unseren Dünen siedelt. Sie hat stark wuchernde Wurzeln, die sie im Garten fast zu einer Plage macht, hier aber von großem Vorteil sind. Dadurch kann die Pflanze im reinen Sand wachsen und sich ausbreiten.

Rechts:
Das Mexikanische Fiedergras (*Nassella tenuissima*), auch Engelshaar genannt, wächst in unseren Breiten nicht wild. Trotz des mexikanischen Ursprungs gedeiht die Art aber ohne Schwierigkeiten, solange sie hier die passenden Lebensbedingungen vorfindet. Die feinen Blütenstände wiegen sich im kleinsten Windhauch.

Wogen von Gräsern und Stauden

Pensthorpe Waterfowl Trust, Millenium Garden, Fakenham, Norfolk, Großbritannien
Altlorenscheurerhof, Privatgarten, Luxemburg
Hummelo, Privatgarten Oudolf, Niederlande
Gestaltung: Piet Oudolf

Piet Oudolf integriert weite Gräserteppiche in seinen Staudenkompositionen und zögert nicht, die attraktivsten Arten wiederholt zu setzen, um das Ensemble rhythmisch zu gliedern und zugleich die natürliche Wirkung zu betonen. Hier unterstreicht Herbst-Blaugras *Sesleria autumnalis* die Wirkung der Beetbepflanzung mit Astilben (*Astilbe chinensis* var. *taquetii* 'Vision in Pink') und schafft eine andere Atmosphäre als die duftige Rasen-Schmiele (*Deschampsia cespitosa*).

Der berühmte niederländische Gartenarchitekt Piet Oudolf trug wesentlich zur Verbreitung der Gräser in den Gärten bei. Natürlich haben schon vor ihm andere Landschaftsgestalter und Pflanzenkenner die Verwendung von Gräsern empfohlen, doch Oudolfs Pflanzungen haben durch ihren Umfang und ihre mutige Gestaltung bahnbrechenden Erfolg. Quelle seiner Inspiration ist die Natur selbst, die Art und Weise, wie Pflanzen dort von selbst aufgehen. Anstatt diese Pflanzengesellschaften jedoch so genau wie möglich nachzuahmen, erschafft er eine stilisierte Form, die sich auf halbem Wege zwischen den berühmten Staudenrabatten der Engländer (den „herbaceous borders" mit ein- und mehrjährigen krautigen Pflanzen) und einer blühenden Wiese befindet.

Seine Pflanzungen lassen sich dreidimensional erleben: Man betrachtet sie nicht nur von außen, sondern man geht darin umher, um ihre Subtilität und ihre Nuancen zu erfassen. Die Gräser werden dabei genauso verwendet wie die anderen Pflanzen auch – in unterschiedlich schmalen, langen Streifen, die sich zwischen den Blumen hindurchwinden. Piet Oudolf bevorzugt Pflanzen, die auch nach ihrer Blühperiode noch schön aussehen. Viele Gräser erfüllen diesen Anspruch und verleihen seinen Pflanzungen über eine lange Zeit, oft bis in den Winter hinein, einen zauberhaften Anblick.

Rasen-Schmiele (*Deschampsia cespitosa*) bildet ab Mitte des Sommers hübsche goldene Teppiche, die aus Hunderten feiner Halme mit duftigen Rispen bestehen. Das dichte tiefgrüne Blattwerk bildet einen guten winterharten Rasen. Die dichten Massen zu beiden Seiten des Weges in dieser Gestaltung leuchten in der späten Nachmittagssonne. Für diesen Effekt setzt man sie am besten mit westlicher Ausrichtung.

Rechts:
Unregelmäßig wechseln sich Wellen von blühenden Stauden mit Wellen von Gräsern zu einer „stilisierten Prärie“ ab, die dennoch sehr natürlich aussieht. Von vorne nach hinten erkennt man *Bistorta amplexiaulis* 'Firedance' mit den roten Rispen, Ruten-Weiderich (*Lythrum virgatum*) mit pinkfarbenen Blüten, Rasen-Schmiele (*Deschampsia cespitosa*), die Purpur-Astilben-Sorte 'Vision in Pink' mit den regelmäßigen rosafarbenen Rispen, die noch sehr helle Fetthenne *Sedum* 'Matrona' und ganz hinten die dicken, dunkelroten Sträuße des Purpur-Wasserdosts (*Eupatorium purpureum*).

Die folgenden Seiten zeigen die gleiche Art der Pflanzung mit ähnlicher Besetzung in einem Privatgarten in Luxemburg.

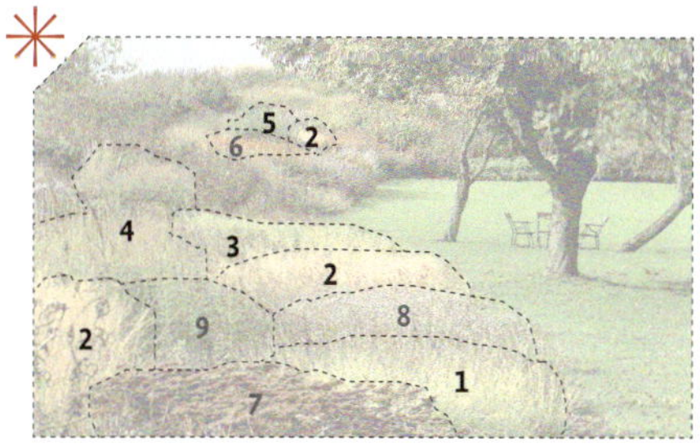

Gräser:

1 *Sesleria autumnalis*
2 *Deschampsia cespitosa*
3 *Carex muskingumensis*
4 *Panicum virgatum*
5 *Miscanthus sinensis*

Andere:

6 *Bistorta amplexicaulis*
7 *Sedum* 'Herbstfreude'
8 *Aster divaricatus*
9 *Veronicastrum virginicum*

Die Zusammenstellung der Pflanzen entspricht den Grundprinzipien einer gelungenen Kombination: kontrastierende Blütenformen, aber verwandte Farbtöne. Hier bildet das Rosa der japanischen Anemone (*Anemone × hybrida*) mit dem Altrosa des Silber-Chinaschilfs rechts (*Miscanthus sinensis* 'Flamingo') einen harmonischen Farbklang, doch ihre Formen heben sich deutlich voneinander ab. Die roten Blütenstände des Kerzen-Wiesenknöterichs (*Bistorta amplexicaulis*) beleben und verbinden die Komposition.

Rechts:
Um dieser mehrere Dutzend Meter langen Rabatte einen inneren Zusammenhalt zu geben, empfiehlt sich die Wiederholung von Pflanzungen, vor allem der Gräser. Hier sieht man drei ähnlich gestaltete Massen, die aus verschiedenen Pflanzenarten zusammengesetzt sind: Die erste enthält als verbindendes Element *Deschampsia cespitosa*, die beiden etwas weiter entfernten Gruppen das Blaue Pfeifengras (*Molinia caerulea*), das nur im Herbst so bunt gefärbt ist.

Dieses Panorama zeigt Piet Oudolfs Privatgarten, der ihm auch als Versuchsgarten dient. Die Gräser sind mengenmäßig viel zahlreicher, aber auch artenreicher vertreten als die Stauden und zudem mehr zwischen den Stauden verstreut. Dadurch entsteht eine besonders natürliche Wirkung, aber die Pflege ist auch aufwendiger, weil man die Pflanzen gut kennen muss. Links im Bild ist das bislang noch nicht so verbreitete Fallsamengras (*Sporobolus heterolepis*) zu sehen, das durch seine Leichtigkeit besticht und zeitweise einen überraschenden Curry-Duft verströmt.

Nachfolgende Doppelseite:
Sieht man denselben Garten aus einem anderen Blickwinkel, so zeigt sich die große Bandbreite interessanter Kontraste zwischen dem „natürlichen Fluss" der flaumigen Gräser und Stauden und den formal getrimmten Hecken – auch wellenförmig, aber exakt geschnitten! Die Gesamtanlage sieht zu jeder Jahreszeit attraktiv aus, unabhängig von bunten Blüten!

Große Gegensätze auf kleiner Fläche

Privatgarten von Jikke Hamerpagt, Landschaftsarchitektin in Lelystad, Niederlande
Gestaltung: Jikke Hamerpagt

Oben: *Calamagrostis × acutiflora* 'Karl Foerster' (Garten-Reitgras) bildet stabile aufrechte Halme.

Links: In diesem Garten auf einem Kiesbett herrscht ein Gewimmel kleinblütiger Sommerblüher in lichter Mischung mit weißen Prachtkerzen (*Gaura lindheimeri*), purpurnem Majoran (*Origanum laevigatum*) und Riesen-Federgras (*Stipa gigantea*) mit goldenen Ähren, die sich deutlich vor den rötlichen Blättern des *Cotinus coggygria* 'Royal Purple' abzeichnen.

Tradition und Innovation auf gekonnte Art und Weise zu mischen – damit beschäftigen sich die niederländischen und flämischen Landschaftsgestalter fortwährend. Jikke Hamerpagt macht hier keine Ausnahme. Sie liebt sowohl kraftvolle und modern gestaltete Strukturen als auch Pflanzen in ihrer Individualität und Vielfalt. Oft pflanzt sie die Gewächse auf eine Kiesfläche, was der Gestaltung ein deutlich zeitgenössisches Aussehen gibt und zugleich das Betreten der Anlage und ihre Pflege vereinfacht. Selbstverständlich spielen Gräser in ihren Gärten eine wichtige Rolle – wegen des dekorativen Aspekts ihrer Blätter, Blütenstände, Gesamtform und Textur und wegen ihrer ausgesprochen natürlichen Wirkung, wenn man sie in großer Menge anpflanzt.

Hamerpagts eigener Garten stellt die beiden Aspekte Tradition und Innovation gegenüber und erlaubt ihr gleichzeitig viele Experimente. Um eine größtmögliche Artenzahl zu testen ohne dabei den Eindruck einer Pflanzensammlung zu wecken, hat sie einen Kniff gefunden, der zu einem der Schlüsselprinzipien dieses Gartens wurde: In geringer Entfernung pflanzte sie einen gewaltigen Gräserteppich am Rand einer Birkengruppe, was einen beruhigenden und sehr natürlichen Effekt hervorbringt. Damit täuscht sie eine Wiese vor und schafft einen Übergang vom Garten zur umgebenden Natur durch eine Pflanzenart, die in den feuchten Gebieten der Region von Natur aus heimisch ist. Jikke Hamerpagts Garten öffnet uns damit die Augen für eine etwas unkonventionelle und eher unerwartete Verwendungsweise von Gräsern.

In unseren Breiten kennt und verwendet man den purpurnen Majoran *Origanum laevigatum* kaum, obwohl er fast den ganzen Sommer über eine sehr schöne Blüte trägt. Im Frühjahr sind auch seine Blätter leicht lila getönt und nur geringfügig weniger aromatisch als der Gemeine Dost (*Origanum vulgare*). Sein sehr natürlicher und luftiger Habitus passt perfekt zum Mexikanischen Fiedergras (*Nassella tenuissima*). Beide Pflanzen fürchten zwar die Nässe des hiesigen Bodens, doch dank der feinen Kiesel, die die Feuchtigkeit um ihre Wurzeln gut ableiten, gedeihen sie gut und breiten sich auch aus.

Rechts:
Diese lockere und einfache, aber sehr überlegte Komposition wirkt ausgesprochen spontan. Es gibt mit Ausnahme der Wege keine freie Stelle. Die Gräser (Riesen-Federgras und Mexikanisches Fiedergras) mischen sich unter die weißen Prachtkerzen (*Gaura lindheimeri*) und den blauen Mannstreu (*Eryngium planum*).

Ein Teppich aus Blutgras (*Imperata cylindrica* 'Red Baron') zeigt hier seine schöne dunkelrote Färbung in vollkommener Harmonie mit den roten oder orangefarbenen Blüten der Garten-Montbretie (*Crocosmia* × *crocosmiiflora*). Letztgenannte hat je nach Art und Züchtung mehr oder weniger lange, grasähnliche Blätter.

Mexikanisches Fiedergras (*Nassella tenuissima*) steht hinter einem dicken Horst von Japanischem Federborstengras (*Pennisetum alopecuroides*), das erst später zur Blüte kommen wird. Dazwischen sieht man einige Garten-Montbretien (*Crocosmia* × *crocosmiiflora*) und rechts oben getrocknete Mohnkapseln.

Rechts:
Diese außergewöhnliche Komposition überrascht durch unterschiedliche Formen und ihre Verteilung im Raum. Alle Gräser gruppieren sich um einen großen, getrimmten Eibenwürfel, der den Kernpunkt des Ensembles bildet. Höhe, Form und Textur der Gräserarten heben sich deutlich voneinander ab. Trotz des Fehlens von Blüten bleibt die Gestaltung die längste Zeit des Jahres attraktiv, fast wie eine sich entwickelnde, bewegte Skulptur.

Jede Seite des Würfels enthüllt eine andere, verblüffende Perspektive. Bei dieser Ansicht kontrastiert das Blutgras dank seiner hübschen, lebendigen Färbung mit dem Grün der anderen Arten.

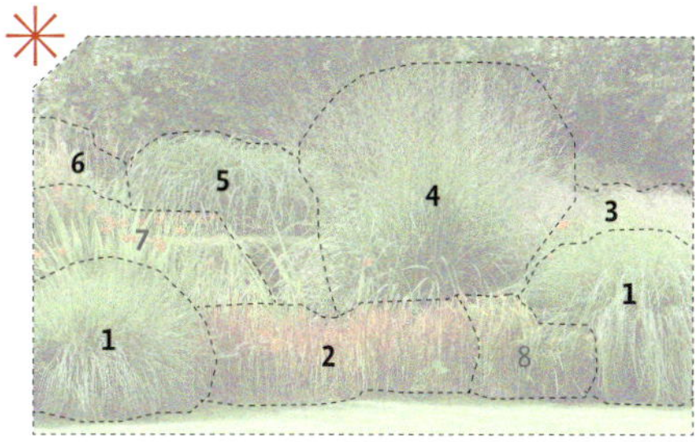

Gräser:
1 *Pennisetum alopecuroides* 'Hameln'
2 *Imperata cylindrica* 'Red Baron'
3 *Deschampsia cespitosa*
4 *Molinia caerulea* subsp. *arundinacea* 'Transparent'
5 *Miscanthus sinensis* 'Silberfeder'
6 *Calamagrostis* × *acutiflora* 'Karl Foerster'
Andere:
7 *Crocosmia* × *crocosmiiflora* 'Lucifer'
8 *Crocosmia* × *crocosmiiflora*

Am Rand des Gartens steht eine wunderbare Birkengruppe. Darunter hat Jikke Hamerpagt einen Teppich aus Rasen-Schmiele (*Deschampsia cespitosa*) angelegt, einem luftig-leichten und ab Sommeranfang sehr attraktiven Gras. Im Abstand von 40 cm gesetzt, bilden die Horste eine Art Rasen, der Ruhe in die Gestaltung bringt und auch im Winter grün bleibt. Rasen-Schmielen bevorzugen wie die Birken feuchte, nicht allzu nährstoffreiche Böden, vertragen aber auch sommerliche Trockenheit.

Rechts:
Einige malvenfarbene Blüten der Steifen Verbene (*Verbena rigida*) beleben diese Wolke aus Rispen, bevor sie sich gänzlich golden färben. Diese Verbene ist mehrjährig und niedriger als die viel bekanntere Art *Verbena bonariensis*.

Eintauchen ins Gräsermeer

Le Jardin Plume („FederGarten"), Normandie, Frankreich
Gestaltung: Sylvie und Patrick Quibel

Oben: *Agrostis tenuis* bringt rötliche Blütenrispen hervor.

Links: Im Herbstgarten quellen die Quadrate über von großen Pflanzen, wie Astern oder Silberkerzen, gestützt von hochwüchsigen Gräsern, wie dem wunderbaren Himalaja-Chinaschilf (*Miscanthus nepalensis*). Die schmalen Wege verstärken den Eindruck von Höhe und erlauben dem Besucher, völlig in die Gräser einzutauchen und sich von ihren Ähren und Rispen umschmeichelt zu fühlen.

Sylvie und Patrick Quibel sind vermutlich inzwischen im Ausland bekannter als in Frankreich, wo sie in den vergangenen 10 Jahren einen Garten gestalteten, der eine neue Vision des französischen Gartenstils verkörpert. Darin ist ihnen die perfekte Synthese einer einfachen geometrischen Struktur auf der Grundlage des Quadrats mit einer fantasievollen, naturalistischen Bepflanzung gelungen. Dabei mischen sie zahlreiche Gräser mit mehrjährigen Stauden in möglichst ursprünglichem Erscheinungsbild – also kaum Hybrid-Züchtungen mit großen oder gefüllten Blüten. Die Gräser wachsen überall (ebenso wie auf den natürlichen Flächen der Umgebung) und dienen als „Grundraster" für die Blumen. Daraus entsteht eine besonders natürliche und zugleich sehr überlegte Wirkung.

Je nach Gartenpartie sind die Gräser, die die Grundlage jeder Pflanzung bilden, unterschiedlich hoch und werden mit vergleichbar hohen oder kräftigen Gewächsen kombiniert. Gestalterischer Höhepunkt ist der Herbstgarten, wo die Quadrate sehr hohe Stauden und Gräser versammeln und dem Betrachter den Eindruck vermitteln, in einer riesigen, blühenden Wiese zu stehen. Der Kontrast zwischen dem strengen Grundplan und der Wildheit der Gräser überzeugt sowohl die Liebhaber regelmäßig gestalteter Gärten als auch die Freunde von freier gestalteten Anlagen. Der Schlüssel zum Erfolg ist die einfache Pflege. Im Spätwinter lassen sich die üppigste und die kargste Vegetation ausgleichen und die Vermehrung eindämmen. Das ist einfach, aber man braucht ein geschultes Auge, sowohl für den künstlerischen als auch für den naturalistischen Aspekt.

Ganz winzig fühlt sich der Besucher zwischen den großen Pflanzen: Hier sind es Himalaja-Chinaschilf (*Miscanthus nepalensis*) und Diamant-Reitgras (*Calamagrostis brachytricha*) mit silbrigen Rispen, große Blumen, wie Sonnenblume (*Helianthus*), Östlicher Knöterich (*Persicaria orientalis*) und September-Silberkerzen (*Cimicifuga ramosa* 'Atropurpurea') mit ihren fein nach Zuckerwatte duftenden Blüten.

Rechts:
Mitten im Herbstgarten bilden zwei würfelförmig geschnittene Schmalblättrige Steinlinden (*Phillyrea angustifolia*) eine Art Lichtung. Durch sie gewinnt man etwas mehr Abstand zu den Pflanzungen, und die Formen und Farben der Blütenstände von Gräsern und Astern sind deutlicher erkennbar.

Links:
Bei der zuerst angelegten Parzelle, dem Ausgangspunkt des Jardin Plume, sind die Gräser regelmäßig zwischen den Blütenstauden und zweijährigen Pflanzen verteilt. Die Wirkung ist sehr natürlich, fast wie bei einer gewöhnlichen Wiese, und besonders von März bis Dezember hat die Fläche einen wild-romantischen Charakter. Die Büschel von Reitgras (*Calamagrostis* × *acutiflora* 'Karl Foerster') bilden ein nahezu geordnetes Netz, das der Pflanzung Zusammenhalt verleiht; die wellenförmig geschnittenen Buchshecken schaffen Struktur ohne einzuengen.

Gräser:
1 *Melica ciliata*
2 *Stipa brachytricha*
3 *Verbena hastata*
4 *Stipa pennata*
Andere:
5 *Veronicastrum virginicum*
6 *Dianthus gratianopolitanus*
7 *Catananche caerulea* (Amorpfeil)

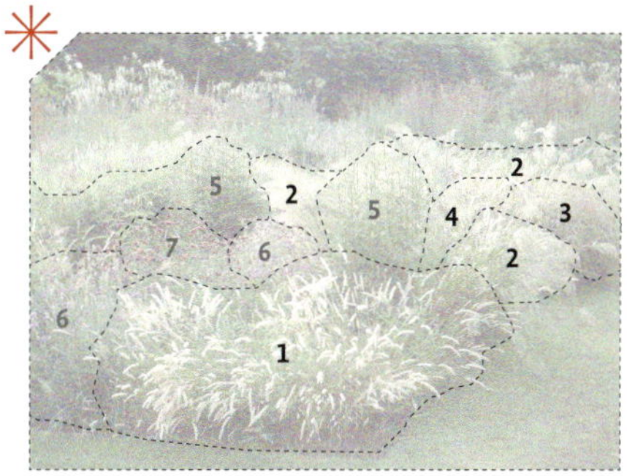

Diese Ecke des „Federgartens" (Jardin Plume) zeigt die eng verwobene Pflanzung von Stauden und Gräsern. Sie wirkt ein wenig wie eine zeitgenössische Version des von Monet so geliebten impressionistischen Gartens.

Die großen Wiesenquadrate um die Apfelbäume im Obstgarten bestehen nur aus Gräsern, die in der ursprünglichen Wiese aufgegangen sind. Ihr Anblick verändert sich mit der Zeit, da die Pflanzenmischung sukzessive blüht. Im Hochsommer ist das Rote Straußgras (*Agrostis capillaris*) an der Reihe und überzieht die Quadrate mit einem leichten Rosaschimmer.

Rechts:
Im Spätsommer nehmen die Wiesenquadrate eine goldene Färbung an, und die Flächen bieten auch im Herbst und sogar eine zeitlang im Winter noch einen hübschen Anblick. Deutlich sind die unterschiedlichen Arten verschiedener Wuchshöhe in der Mischung zu erkennen. Zu Beginn des Winters werden die Quadrate abgemäht, danach beginnt ihr jährliches Wachstum erneut.

In den Quadratbeeten des Sommergartens direkt vor dem Haus sorgt *Anemanthele lessoniana* für warme Kupfertöne, die gut zu *Crocosmia* × *crocosmiiflora* 'Lucifer' und der gelben Sonnenbraut (*Helenium autumnale*) passen. Die Kaskadenform eignet sich besonders, um die Ecke eines Beetes zu entschärfen.

Nachfolgende Doppelseite:
Das zuletzt gestaltete Quadrat dieses Gartens ist ein schlichtes (quadratisches) Becken, das rundherum von Chinaschilf-Hecken (*Miscanthus sinensis* 'Große Fontäne') umgeben ist. Man hat den Eindruck, mitten im Röhricht zu stehen.

Links:
Die Quadrate am Rand des Obstgartens sind mit Rispenhirse (*Panicum*) mittleren und höheren Wuchses bepflanzt, die in den amerikanischen Prärien beheimatet ist. Ihre rosafarbenen Rispen bieten ein herrliches Lichtspiel in der Morgensonne. Regenstürme drücken die zarten Halme zwar oftmals nieder, doch sie richten sich wieder auf, sobald sie abgetrocknet sind. Breite Wege machen den Durchgang auch bei einengenden Verhältnissen möglich.

Linie und Rhythmus

Rammekenhof, Zeeland, Niederlande
Gestaltung: Willeke und Ruud Verschuur, passionierte Amateurgärtner

Oben: *Imperata cylindrica* 'Red Baron'.

Links: Der Bereich mit den gestampften Muschelschalen ist zum Rasen hin gerade abgegrenzt, aber die gesamte Beetfläche wird durch eine Reihe Federborstengräser (*Pennisetum alopecuroides*) begrenzt, die in regelmäßigem Abstand stehen. Zwischen zwei Horsten liegt etwa 1 m Zwischenraum, doch aus der Ferne gesehen wirken sie wie eine ununterbrochene Rabatte. Diese optische Begrenzung stört weder den Zugang noch die Betrachtung des Blumenbeetes.

Dieser Garten, der im Jahr 2011 den Titel „Schönster Garten Hollands" erhielt, zeigt eine völlig andere Verwendung der Gräser. Die meisten wurden wegen ihrer strukturgebenden Wirkung ausgewählt. In zufälligem oder regelmäßigem Rhythmus auf gerader Linie oder im Bogen gepflanzt, verleihen sie der umliegenden Vegetation Substanz und Zusammenhalt, vergleichbar etwa einer Hecke oder einer Reihe von Buchspflanzen. Dabei wirken sie jedoch weniger streng.

Die Gräser erscheinen einmal zwischen Blütenstauden oder Sträuchern, einmal einzeln auf einem Untergrund zerstampfter Muschelschalen, der eine weite Fläche bedeckt. Diese Lösung ist sogar hübscher als Kiesel am Meer. Hier gedeiht eine Vielfalt von Arten und Sorten, aus denen sich zahlreiche Kombinationen mit mehrjährigen Blütenstauden, aber auch schöne Gruppen mit besonders spektakulärer Wirkung erzielen lassen. Die Gesamtgestaltung bezieht selbstverständlich auch das Licht mit ein und begeistert gleichermaßen den Liebhaber formalen Designs wie den Pflanzenliebhaber.

Das rote Blutgras liebt den Muschelbruch, denn er schützt seine Wurzeln, und dadurch dehnt sich die kleine Grasfläche immer weiter aus. Besonders reizvoll ist hier der Kontrast zwischen der geraden, aufrechten und starren Form der Blutgras-Blätter und dem überhängenden Chinaschilf daneben.

Mexikanisches Fiedergras (*Nassella tenuissima*) wetteifert in seiner Biegsamkeit mit dem starrer wirkenden Lavendel. Im Hintergrund bildet das panaschierte Chinaschilf (*Miscanthus sinensis* 'Variegata') eine große Fontäne, deren Wuchs sich in der blau blühenden *Buddleja* spiegelt.

Die geschwungene Linie aus Gräsern schafft eine durchlässige „Grenze", die die blühende Partie vom Rest des Gartens trennt. Sie erfüllt ihre Funktion zu jeder Jahreszeit, auch wenn sich ihr Anblick im Laufe der Monate deutlich verändert.

1 *Pennisetum alopecuroides*
2 *Gaillardia aristata* 'Bourgogne'
3 *Kniphofia* × *uvaria*
4 *Buddleja davidii*
5 *Hemerocallis citrina*

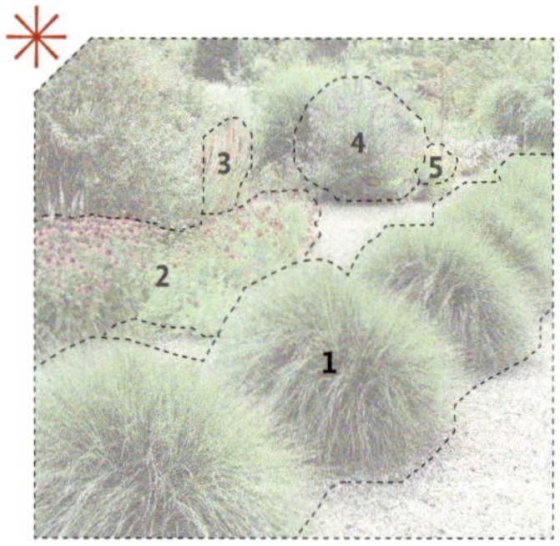

Eine Gruppe des Riesen-Federgrases (*Stipa gigantea*) bildet im Licht einen golden strahlenden Vorhang. Rechts steht eine betont vertikale Reihe von *Calamagrostis* × *acutiflora* 'Karl Foerster', im Vordergrund *Crocosmia* × *crocosmiiflora* 'Lucifer'. Das helle Blattwerk links unten gehört zum Plattährengras (*Chasmanthium latifolium*), das für seine hübschen herzförmigen Ähren bekannt ist, aber auch schöne, im Lichtspiel wirkungsvolle, große Blätter trägt.

Rechts:
Die orangefarbene *Echinacea*-Sorte 'Art's Pride' steht im Wechselspiel mit Verbenen (*Verbena bonariensis*) und den gebogenen Ähren des Glänzenden Raugrases (*Stipa splendens*). Im Vordergrund leuchtet das junge, rötliche Blattwerk von *Panicum virgatum* 'Shenandoah', das sich einige Wochen später intensiv rot färben wird.

Nachfolgende Doppelseite:
Ein Blick aus anderer Perspektive auf die Reihe des Riesen-Federgrases (*Stipa gigantea*) und die aus Südamerika stammende Verbenen-Art *Verbena bonariensis*.

Wechselspiel der Gräser

Bury Court, Berkshire, Großbritannien
Gestaltung: Christopher Bradley-Hole

Oben: *Calamagrostis × acutiflora* 'Karl Foerster', eines der für diesen Garten charakteristischen Gräser in dichter Massenpflanzung.

Links: Wenn man zum historischen Landhaus blickt, bilden die unterschiedlichen Gräser in ihren quadratischen Beeten mit den dazwischen liegenden Kieswegen eine sich fortwährend verändernde und bewegte Komposition.

Das Anwesen Bury Court war den Pflanzenliebhabern bislang als Staudengärtnerei Green Farm Nursery bekannt, die bis vor kurzem hier existierte. Der Innenhof des gut 60 km südöstlich von London gelegenen alten Gutshofes aus dem 16. Jahrhundert ist zudem dafür bekannt, dass hier der erste von Piet Oudolf in England gestaltete Garten liegt. Um jedoch den privaten Garten hinter dem Haus zu den Feldern hin anzulegen, beauftragte John Coke den Architekten Christopher Bradley-Hole, der sich mit großer Leidenschaft der Landschaftsgestaltung zuwandte. Die beiden Herren sind genau wie Piet Oudolf große Gräserfreunde, und der kaum 10 Jahre alte Garten ist in Großbritannien bereits eine Ikone der Gräsergärten.

Die Fläche wurde einfach in eine Reihe von 4 × 4 m großen Feldern gegliedert, die auf Bodenniveau oder leicht erhöht eine gerade Einfassung besitzen. In der Mitte reflektiert ein schwarzes Becken die umstehenden Pflanzen. Ein ordentlicher, aber luftig konstruierter „Unterstand" bietet die Möglichkeit, sich unter eine Überdachung zurückzuziehen, ohne sich eingeschlossen zu fühlen. Von dieser Stelle aus kann man nach allen Richtungen blicken und das Wechselspiel von Gräsern untereinander oder mit mehrjährigen Stauden betrachten, oder das Spiel des Windes und des Lichts über den Ähren. An einer Seite des Gartens markiert eine zeitgenössische Konstruktion, die sich im Stil an das historische Landhaus anlehnt, die Gartengrenze. Flankiert wird sie von einem gleichermaßen gewagten wie bemerkenswerten Gräserfeld.

Auf den ersten Blick mag die Bepflanzung eines Beetquadrates wie eine wilde Ansammlung oder gar Stückwerk wirken, doch wurden die Gräser sorgfältig nach unterschiedlicher Form und Höhe ausgewählt, um jedem Beet eine individuelle Gestalt zu geben. Der Zusammenhang des Gartenensembles wird durch die Wiederholung einiger Arten in verschiedenen Quadraten erreicht.

Gräser:

1 *Molinia caerulea* subsp. *arundinacea* 'Sky Racer'
2 *Miscanthus sinensis* 'Little Kitten'
3 *Molinia caerulea*
4 *Miscanthus sinensis* 'Rotsilber'
5 *Miscanthus sinensis* 'Silberspinne'

Rechts:
Entlang des modernen Gebäudes mit Eichenholz-Verkleidung steht lediglich eine einzige Art in den Beeten: *Calamagrostis × acutiflora* 'Karl Foerster'. Auf der Terrasse wachsen in quadratischen Übertöpfen verholzende Gräser: die Schirmbambus-Art *Fargesia rufa*. Links sind die Stängel eines großen Wiesenknopfes (*Sanguisorba tenuifolia*) erkennbar.

Der Weg führt zwischen zwei roten *Miscanthus-sinensis*-Sorten hindurch: links 'Afrika' mit schönen roten Blättern im Herbst und rechts 'Ferner Osten', eine der schönsten Chinaschilf-Züchtungen mit rötlichen Blütenständen neben 'Malepartus' und 'Rotsilber'.

Die letzten Sonnenstrahlen fallen durch die Stängel des Ockerfarbigen Federmohns (*Macleaya microcarpa* 'Kelways Coral Plume') auf die Rispen von *Miscanthus sinensis* 'Ferner Osten'.

Links:
Die Gräser hängen weit in die Wege und man muss sie ein wenig wegschieben, um bequem gehen zu können. Aber gerade dadurch lernt man ihre verschiedenen Texturen besser kennen. Links wurde *Miscanthus sinensis* 'Gracillimus' gepflanzt und rechts *M. sinensis* 'Silberspinne'.

Diese Gesamtansicht zeigt deutlich die innere Verbindung der verschiedenen, üppig bepflanzten Quadrate durch die unregelmäßige Wiederholung der Arten auf der gesamten Fläche. Interessanterweise verschwinden die Wege trotz ihrer Breite und Befestigung fast völlig, und die Pflanzung erinnert an eine weite Grasebene. Befindet man sich an der von Christopher Bradley-Hole erdachten Kleinarchitektur in der Mitte des Gartens, verliert man sich völlig in den Gräsern. In der Bildmitte ist eine der Begleiterinnen der Gräser zu sehen, die Weidenblättrige Sonnenblume (*Helianthus salicifolius*) mit ihren fein belaubten Stängeln. Beliebt ist sie hauptsächlich wegen ihrer Statur und ihres Blattwerkes, weniger wegen der späten gelben Blüte.

Wer sich in diesem Unterschlupf niederlässt, kann völlig der Welt entfliehen und vergisst sogar den Gutshof, dessen Gebäude hinter den großen Gräsern verschwinden. Dies hatte C. Bradley-Hole, unter anderem, beabsichtigt und es ist ihm wunderbar gelungen. Die Größe des Bassins entspricht zwar jener der Pflanzquadrate, aber die schwarze Farbe bringt viele Spiegelungen hervor und scheint damit den Raum zu vergrößern.

Nachfolgende Doppelseite:
Manche Blickwinkel lassen die strenge quadratische Ordnung völlig vergessen. Vor den natürlich grau gewordenen Eichenplanken wirkt das Goldgelb der Rispen von *Calamagrostis* × *acutiflora* 'Karl Foerster' wie ein Getreidefeld. Dieses nicht-fruchtende Reitgras bleibt über lange Zeit, meist bis in den Winter hinein, sehr schön.

Links:
Die hoch aufragenden Halme des Rohr-Pfeifengrases (*Molinia caerulea* subsp. *arundinacea*) wachsen hier als Rabatte und berühren mit ihren duftigen Rispen die Passanten. Zu diesem Zeitpunkt noch grün, verfärben sie sich etwa in der Mitte des Herbstes je nach Sorte wunderbar gelb oder kupferfarben.

Biegsame Vielfalt

Privatgarten, Elsass
Gestaltung: Roland Specker

Oben: *Miscanthus sinensis* 'Graziella' trägt in der Blütezeit aufrechte, silberne Rispen.

Die Anlage eines Gartens in der Stadt ist nicht einfach. Ohne sich mit Mauern oder hohen Hecken zu umgeben, erreicht man kaum eine gewisse Privatsphäre. Noch schwieriger wird es, wenn der Garten sowohl seinen Besitzern als auch den Passanten auf der Straße und den Anrainern Freude bereiten soll. Aber genau dies ist Roland Specker auf dem nicht sonderlich vorteilhaften Flecken gelungen, indem er einen sehr modernen Garten anlegte und dabei Gräser verwendete, um die Strenge der Mauern und steingefüllten Gabionen zu mildern.

Die folgende Bilderreihe zeigt die noch junge Gartenanlage, also einen eher ungünstigen Zeitpunkt, doch dabei wird die tragende Rolle der Gräser als belebendes Element der geometrischen Gestaltung besonders deutlich. Es bereitet kaum Schwierigkeiten sich vorzustellen, wie alles grüner werden und die Zusammensetzung der verschiedenen Arten einmal den Raum füllen wird, sodass man später nicht mehr den Eindruck hat, auf dem Präsentierteller zu sitzen. Dieser durch und durch zeitgenössische und konstruierte Garten entfaltet dank der vorherrschenden Verwendung von Gräsern und etwas Bambus eine natürliche Atmosphäre.
Es ist einmalig, wie hier einem Garten Leben eingehaucht und die Natur in die Betonwüste zurückgebracht wurde, aus der man die Gräser vorher vertrieben hatte.

In der Ecke der Gabionen, die sich zur Begrenzung besser eignen als eine Hecke, nimmt ein Horst Japanischen Federborstengrases (*Pennisetum alopecuroides* 'Hameln') den Gittern ihre Strenge. Die Sorte wird wegen ihrer goldenen Laubfarben im Herbst sehr geschätzt. Zauberhaft reflektieren ihre fülligen Rispen das Licht.

Rechts:
Entlang der Gabionen reihen sich Pflanzen, die alle eine gewisse Leichtigkeit verkörpern: weiße und rosafarbene Prachtkerzen (*Gaura* 'Siskiyou Pink') und *Heuchera*-Züchtungen, die im Frühling rosafarbene oder rote Blüten hervorbringen. Hier sieht man nur ihre Blätter, die den Boden zwischen den höher aufragenden Gewächsen bedecken. Die Bambushecke im Hintergrund dient als immergrüner Windschutz und bringt die Herbstfarben der anderen Gräser zur Geltung.

In dieser kunstvollen Gestaltung schirmen die vorhandenen Sträucher und die noch höher werdenden Bäume (die große Tamariske und der kleine Baum in Trauerform im Vordergrund) im Zusammenspiel mit den Gräsern die am Haus liegende Terrassenecke ab. Es bedarf nur weniger Pflanzen, um die Stelle von der Straße aus unsichtbar zu machen.

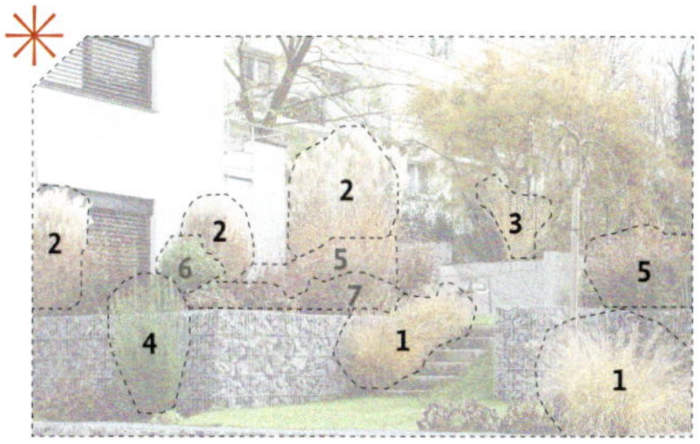

Gräser:

1 *Pennisetum alopecuroides* 'Hameln'
2 *Miscanthus sinensis* 'Graziella'
3 *Molinia caerulea* subsp. *arundinacea*

Andere:

4 *Cytisus × praecox*
5 *Gaura lindheimeri*
6 *Viburnum tinus*
7 *Heuchera*

Zusammenstoß mit einer Monokultur

Villa Mas Carinia, Privatgarten, St-Jean-Cap-Ferrat, Frankreich
Gestaltung: Benoît Bourdeau

Oben: Mexikanisches Fiedergras (*Nassella tenuissima*) wird auch „Engelshaar" genannt.

Links: Am steilen Hang wiegt sich das Fiedergras im Wind. Die Schatten der Pinien werfen Streifen auf die schöne, bewegte Oberfläche und erzeugen durch ihr Weiterwandern stetig neue Bilder.

Ein einfacher Garten sollte es sein, selbstverständlich gestaltet, aber vor allem ein Freiraum, der die fünf Kinder des Hauses keineswegs einschränken sollte. Benoît Bourdeau hat diese Aufgabe mit Gräsern gelöst, und zwar mit nur einer einzigen Art, deren Exemplare er zu einem beeindruckenden, kaskadenförmigen Teppich zusammenfügte. Die Pflanzung vermittelt zu allen Jahreszeiten eine unglaubliche Kraft und große Schönheit bei geringem Pflegeaufwand.

Der Gräserteppich breitet sich über einen weiten Hang aus, der nur von einem schmalen Weg durchzogen wird. Diesen Weg möchte jeder gerne entlanggehen, nur um einmal die Sanftheit der langen, seidigen Rispen zu spüren. Wie ein Wasserlauf verbindet der Grasteppich die obere Gartenpartie mit der unteren, wo ein Schwimmbecken liegt. Im Frühling schmücken einige Blumen diese „falsche Prärie": Zwiebelgewächse oder Wildblumen wie Klatschmohn erscheinen, bevor sie im „Engelshaar" untergehen. Mitte Juli hat sich das Gras voll entwickelt und blüht. Welten entfernt von den schreienden Farben der Nachbargärten mit ihren rosafarbenen Bäumen und den zahlreichen Bougainvillea-Büschen passen sich die Naturtöne dieses Gartens perfekt in das erlesene Umfeld ein – so ist ein qualitätvoller Lebensraum für seine Besitzer entstanden.

Die Zypressenhecke ist am Anfang des Federgras-Teppichs wellenförmig geschnitten. Ihre Form nimmt die Bewegung der Gräser auf und die Wand wirkt dadurch weniger streng. Kriechende und kletternde Prunkwinden bilden zwischen den Pflanzmassen aus Koniferen und Gräsern das verbindende Element.

Rechts:
Ein einzelner schmaler Weg durchquert die dichte Masse aus Gräsern, und man kann sich gut vorstellen, wie sie einen Wanderer sanft kitzeln. Für den Eindruck von großer Masse sind die Pflanzen im Abstand von 30 cm gesetzt. In leichten, gut wasserdurchlässigen Böden säen sich die Gräser rasch selbst aus und bilden nach wenigen Jahren eine echte Graslandschaft. Solange die bewachsene Fläche regelmäßig gemäht wird, besteht keine Gefahr, dass andere Gräser einwuchern.

Zur Stabilisierung des steilen Hangs hat Benoît Bourdeau an dieser Stelle eine Kaskade alter Eisenbahnschwellen angelegt. Sie erscheinen wie ein riesiges Mikado-Spiel, dessen Farbe zur Rinde der umstehenden Kiefern passt. Die Schwellen wirken wie zufällig hingestreut, doch wurden sie wohlüberlegt platziert und bilden gleichzeitig eine Stützmauer, eine Treppe und einen Sitzplatz, von dem aus man Landschaft und Sonne wunderbar genießen kann.

Rechts:
Zu Beginn der Saison sind die Fiedergräser schön hellgrün, fast leuchtend, und passen damit farblich perfekt zum türkisfarbenen Schwimmbecken.

Im Laufe der Jahreszeiten spielen sich subtile, fortschreitende Veränderungen ab, doch der Gartenplatz behält immer seine Magie und verführt dazu, sich hier niederzulassen. Die Gestaltung ist einfach, aber wirkungsvoll.

Minimalistischer Stil

Privatgarten, Apeldoorn, Niederlande
Gestaltung: Jaap Poortvliet und Mariejanne Vorenholt

Oben: Schatten spielen eine wichtige Rolle in den Szenarien. Die Gräser werden zu riesigen Igeln, die sich auf den Wegen abzeichnen.

Links: Das Haus scheint aus einem weichen Steckkissen emporzusteigen, das aus einer Reihe Silber-Chinaschilf (*Miscanthus sinensis* 'Gracillimus') besteht. Davor befindet sich eine rund geschnittene Rot-Buchen-Hecke (*Fagus sylvatica* 'Purpurea').

Wenn der Auftraggeber selbst Architekt ist und sich zum Experimentellen und zur Moderne hingezogen fühlt, dann wird der Garten mit Sicherheit ein absolutes Unikat – so wie in diesem Fall. Ist der Garten um das futuristische Gebäude herum auch futuristisch? Er zeigt auf jeden Fall, dass es nur ein wenig Fantasie und Wagemut braucht, um etwas bislang Ungesehenes zu schaffen. Die extreme Schlichtheit entstand dadurch, dass im Garten nur drei Arten verwendet wurden: Silber-Chinaschilf (*Miscanthus sinensis* 'Gracillimus'), Rot-Buche (*Fagus sylvatica* 'Purpurea') und die Japan-Segge *Carex morrowii* 'Gilt', eine panaschierte Sorte.

Die eher reihenweise erfolgte Pflanzung umgibt das Haus in kreisrunden Bahnen, wobei sie mit dem Bodenrelief spielt oder durch den Schnitt in unterschiedlicher Wuchshöhe selbst ein Relief bildet. Ein gigantisches Kunstwerk von größter Einfachheit ist entstanden, das sich je nach Blickrichtung verändert und das sich entfaltet, während man zwischen den verschiedenen Pflanzenreihen umhergeht.

Zu beiden Seiten der Treppe bildet ein Streifen Japan-Seggen (*Carex morrowii* 'Gilt') eine Art niedriger Rampe. Sie ist eine der lediglich drei Pflanzenarten des Gartens und ihre Wuchshöhe steht in schönem Kontrast zu *Miscanthus*.

Rechts:
Ein kleiner Weg verläuft in Kurven zwischen der Chinaschilf-Reihe und der Hecke aus Rot-Buchen. Das grüne Chinaschilf links hat eine einheitliche Höhe, die Wellenform entsteht also lediglich durch das Bodenrelief. Die Rot-Buchen rechts vom Weg sind als rundliche Hecke geschnitten – eine sich schlängelnde Raupe, die unabhängig vom Relief durch unterschiedliche Höhen lebendig wird.

Der Zugangsweg führt schnurgerade auf das Haus zu. Niedrige Rot-Buchen-Hecken flankieren ihn einige Meter weit und er schneidet die verschiedenen grünen *Miscanthus*-Reihen. An einem sonnigen Morgen beleben Schatten die linke Seite des Weges, am Nachmittag hingegen sieht man sie rechts.

Ein Stückchen weiter entfernen sich die *Miscanthus*-Reihen voneinander und werden von *Carex* flankiert. Diese leicht panaschierten Japan-Seggen bringen eine zusätzliche Farbe ein und bleiben auch im Winter grün. Als Bodendecker eignet sich *Carex* wunderbar, da er schöne Teppiche bildet und somit den Pflegeaufwand reduziert.

Nachfolgende Doppelseite:
Nicht nur die Kinder schlüpfen gerne durch das Chinaschilf, das um das Haus herum geradezu ein Labyrinth bildet. Um eine solch dichte Pflanzung rasch zu erreichen, muss man mindestens drei Exemplare des *Miscanthus* pro Meter setzen.

Kornkreise

Privatgarten in einem Dorf bei Antwerpen, Belgien
Gestaltung: Kristof Swinnen

Oben: Federborstengras (*Pennisetum alopecuroides*) dominiert in diesem Garten – zartgrün im Frühling, watteweich im Sommer und goldbraun im Herbst.

Links: Je einfacher ein Garten gestaltet ist, desto intensiver und attraktiver erscheinen die Effekte, die man darin entdeckt. Dieser Blick zeigt, wie das gewölbte Profil für etwas Privatsphäre des Hauses in dieser sonst topfebenen Landschaft sorgt.

Zeitgenössische Gärten greifen weitgehend auf einfache geometrische Formen zurück. Dieser Garten, der ein sehr modernes Wohnhaus umgibt, macht hierin keine Ausnahme, doch die Einfachheit ist äußerst wirkungsvoll. Das quadratische Schwimmbecken schmiegt sich in vollkommener Weise an einen Flügel des Hauses und die Terrasse an und bildet einen Kontrast zu den absolut kreisförmigen „Beeten“. Entlang der Gartengrenze machte Kristof Swinnen Gebrauch von einer Vielzahl an hochwüchsigen Gräsern, wie Chinaschilf (*Miscanthus*) oder Rutenhirse (*Panicum virgatum*) zwischen einigen Sträuchern, um damit eine rasch wachsende „Hecke“ zu bilden. Dann belebte er die große Rasenfläche durch einige kreisrunde, gewölbte Beete, die wie große Knöpfe aus dem Rasen ragen. Sie sind jeweils mit einer einzigen Art bepflanzt und bleiben das ganze Jahr hindurch attraktiv, auch wenn eigentlich erst der Oktober den Höhepunkt der Gräsersaison darstellt.

Der Landschaftsgestalter hat die Gräser hier in sehr regelmäßigen Abständen gepflanzt, als wäre es eine Gräser-Kultur. Es ist nicht weit bis zum umgebenden Ackerland, sodass diese Gestaltung unmittelbar an Getreidefelder denken lässt. Sie wirkt überraschend und ungewöhnlich – und das bei einfachster Pflege.

Die zentrale Beetgestaltung, zugleich die größte und am nächsten beim Haus gelegene, wird im Oktober zu einem riesigen goldenen „Knopf", sobald die Blätter des Federborstengrases (*Pennisetum alopecuroides* 'Hameln') ihre besonders leuchtende, prächtige Färbung annehmen. Die Pflanzen stehen in versetzter Anordnung mit etwa 40 cm Abstand, damit die Fläche ebenmäßig bedeckt ist.

Rechts:
Das Schwimmbecken liegt abgesenkt und die kleine Anhöhe mit Federborstengras genügt, um es vor Wind und neugierigen Blicken zu schützen. Durch diesen Trick kann man auf eine hohe Hecke zur Wahrung der Privatsphäre verzichten.

Nachfolgende Doppelseite:
Am Rand des Gartens wirkt hochwüchsiges Chinaschilf (*Miscanthus sinensis* 'Graziella') als Sichtschutz und bildet einen Kontrast zu dem Blattwerk von Bäumen oder Sträuchern, wie diesem Amerikanischen Amberbaum (*Liquidambar styraciflua*).

Täuschung und Verwandlung

Privatgarten, Flandern, Belgien
Gestaltung: Piet Blankaert

Oben: *Pennisetum alopecuroides* ist in diesem Garten am häufigsten anzutreffen.

Links: Federborstengräser, Hainbuchenhecke, Weiße Himalaya-Birke, *Miscanthus sinensis* 'Gracillimus' und Riesen-Chinaschilf bilden eine Abfolge von Reihen in einer reichen Palette von Grüntönen. Sie scheinen unerschütterlich und starr, entwickeln und verändern sich jedoch im Laufe der Jahreszeiten auf subtile Art.

Sechs Pflanzenarten, darunter drei Gräser, und die raster- oder gitterförmige Anordnung in geraden Pflanzreihen parallel oder im rechten Winkel zu den Wegen bilden zusammen das Grundkonzept eines der wohl unglaublichsten Gärten der Gegenwart. Er gehört einem Bildhauer, der ein gleichermaßen dezentes wie elegantes Muster als Bühne für einige seiner Skulpturen und einen Lebensraum jenseits des Alltäglichen wünschte, welche selbstverständlich mit möglichst geringem Aufwand unterhalten werden können.

Piet Blankaerts Lösung war eine Abfolge von Pflanzreihen, bei denen sich verschiedene Gräserarten unterschiedlicher Höhe mit Hainbuchen- und Eibenhecken sowie möglichst gerade gewachsenen weißen Birkenstämmchen abwechseln. Das Resultat ist eine Symphonie der Grüntöne und ein endloses Spiel von Nuancen der Texturen, die sich Tag für Tag fast unmerklich verändern. Und doch bleiben sie das ganze Jahr über schön, selbst wenn die Gräser zurückgeschnitten werden. Gräser bilden in diesem Garten sowohl Struktur als auch Muster. Sie geben den Ton an, ganz im wörtlichen Sinne, denn jede Reihe bringt im Wind eigene Geräusche hervor, während die Hecken dazwischen manchmal seltsam stumm bleiben. Die Gartengestaltung ist unerwartet und überwältigend, und sie gibt viele Anregungen zur kunstvolen Verwendung von Gräsern.

Ein Rasenweg quert die Pflanzreihen im rechten Winkel. Aus der Ferne ist die Blickachse auf eine Skulptur in der Nähe des Hauses hin ausgerichtet. Zwischen den einzelnen Pflanzenreihen ist jeweils ein weiterer Rasenweg als Zäsur und zur leichteren Pflege angelegt.

Gräser:
1 *Pennisetum alopecuroides*
2 *Miscanthus sinensis* 'Gracillimus'
3 *Miscanthus* × *giganteus*
Andere:
4 *Carpinus betulus*
5 *Betula utilis* var. *jacquemontii*

Die Gräser werden im Spätwinter kugelförmig zurückgeschnitten. Abgesehen von ihrer ästhetischen Wirkung dient diese Praxis dazu, die Ansammlung von Schnee oder Regenwasser inmitten der Horste zu verhindern. Damit schützt man die Horste vor übermäßiger Feuchtigkeit, die manchen Gräsern, insbesondere *Pennisetum*, schadet.
Die Rinde der Birken setzt in diesem feuchten Klima Moos und Flechten an, doch die natürliche Reaktion der Bäume ist das jährliche „Häuten". Dadurch wird die noch weißere Rinde sichtbar.

Die parallel zu den Pflanzungen verlaufenden Wege bilden weitere Blickachsen, die zu jeder Jahreszeit schön aussehen. Das Gelände steigt nach links hin leicht an, was den bühnenhaften Effekt noch betont. Im Vorfrühling zeigt sich das zarte Grün des Federborstengrases (*Pennisetum alopecuroides*) und der Birken in perfekter Harmonie.

Nebenstehend:
Im Spätsommer korrespondieren die hellen Ährenrispen noch besser mit dem Farbton der weißlichen Birkenstämme.

Rechte Seite:
Gegen Ende des Herbstes zeigen Birken und Gräser dieselben goldbraunen Farbtöne. Im Winter hellt sich das Blattwerk der Federborstengräser deutlich auf, bis es manchmal fast weiß erscheint.

Vom Haus aus gesehen verändert sich der Anblick des Skulpturenweges im Laufe der Jahreszeiten sehr deutlich. Die ersten Gräser wachsen sehr hoch auf und verbergen die dahinter liegende Pflanzung. Im Winter dagegen weitet sich der Horizont und der Blick wird erst in den weißen Birken gefangen.

Rechts:
Die Farbe des Skulpturensockels harmoniert wunderbar mit den jungen, rötlichen Blüten des *Miscanthus*, die später silberweiß sein werden.

Etwas klassischere Hainbuchenhecken wirken als Übergang von den Mauern des Hauses zum Garten. Ihre durch zwei oder drei Rückschnitte ordentliche, strenge Form bildet einen starken Kontrast zur Geschmeidigkeit der Gräser. Dieser Effekt ist einfach, aber stets wirkungsvoll.

Links:
Wie in der flandrischen Landschaft üblich, zieht sich ein breiter Graben an einer Seite des Gartens entlang. Er wird von einfachen Weiden flankiert (*Salix alba* 'Liempde'), die jedes Jahr zu Kopfweiden geschnitten werden, indem man die jungen Äste direkt am Ansatz der Krone entfernt. Ihr lichtes, silbriges Blattwerk passt perfekt zu jenem der Chinaschilf-Sorte 'Gracillimus'.

Bei diesem vergleichsweise breiten Weg spielen zwei Steine die Rolle einer natürlichen Skulptur – zwei unbewegliche Elemente, die den Lauf der Jahreszeiten bei den Gräsern hervorheben.

Rechts:
Zum Herbstanfang steht diese *Pennisetum*-Art in schönster Blüte. Sie ist durchscheinend weißlich, und unter bestimmten Lichtverhältnissen schimmern die Blütenstände rosa.

Nachfolgende Doppelseite:
Später, wenn das Laubwerk gelb wird, hellen sie sich noch mehr auf.

Weitere originelle Gestaltungsideen mit Gräsern

Bei der Verwendung von Gräsern scheint es außer einem Mangel an Vorstellungskraft keinerlei gestalterische Grenzen zu geben. Sie strukturieren und dekorieren den Garten, man kann sie einzeln, als Reihe oder als Masse setzen, ihre unterschiedlichen Wuchshöhen oder Texturen zur gegenseitigen Betonung einsetzen, mit ihren Farben spielen oder mit den verschiedenen Zeitpunkten ihrer Hauptattraktivität ... Man kann Gräser miteinander vergesellschaften oder sie zwischen mehrjährige Stauden und Sträucher setzen ... Aber es gibt auch noch andere Verwendungsmöglichkeiten, an die man für gewöhnlich nicht direkt denkt: Sie gedeihen prima in Kübeln, eigenen sich wunderbar als Rabattenbepflanzung und machen sich besonders gut am Schwimmbeckenrand ...

Links: Viele Gräserarten und -sorten haben bunte Blätter. Am faszinierendsten sind die blauen. Hier gedeiht unter den Kirschbäumen der Gemeine Strandroggen (*Leymus arenarius*) zusammen mit Zypressen-Wolfsmilch (*Euphorbia cyparissias*). Beide Pflanzenarten haben zwar wuchernde Wurzeln, aber sie vertragen andererseits auch große Trockenheit sehr gut, die in unseren Breiten jeden Sommer unter dichten Bäumen an der Tagesordnung steht.

Eine Farbrabatte

Eine kleine, gepflasterte Terrasse umrahmt von niedrigen Buchshecken – schon ist ein feiner, aber klassischer Gartenplatz fertig. Die Pflanzung eines Bandes aus Japanischem Blutgras (*Imperata cylindrica* 'Red Baron') zu Füßen des Buchs belebt und intensiviert die Gestaltung durch lebendige Farben: leuchtendes Grün im Frühling und später die Rottöne im Sommer und Herbst. Ein genialer Einfall war zudem, Gartenstühle in passenden Farben zu suchen. [Gestaltung: P. Callarec]

Dieses Gras ist mit seiner leuchtenden Farbe und dem zum rundblättrigen Buchs kontrastierenden Laub sowohl aus ästhetischen wie praktischen Gründen ideal. *Imperata cylindrica* 'Red Baron' breitet sich moderat aus, bis es die ihm zugestandene Fläche besiedelt hat, wuchert aber nicht übermäßig. Es genügt, wenn man alle 40 cm eine Pflanze setzt. Als Pflege muss nur etwa Ende Februar oder Anfang März einmal gemäht werden, sobald sich die jungen Triebe zeigen.

Eine anschmiegsame Rabatte

Man kann eine Rabatte setzen, um eine visuelle Grenze zwischen einem Weg und einer Pflanzung zu ziehen. Dazu wählt man widerstandsfähige und nicht zu ausladende Pflanzen, die über einen möglichst langen Zeitraum hinweg schöne Farb- oder Textureffekte bieten. Viele Gräser wirken geradezu sanft und weich und sind damit für sinnliche Rabatten besonders gut geeignet:

Hakonechloa macra ist ein biegsam-hängendes, japanisches Gras, das langsam und in dichten Horsten gedeiht. Die leichten Blüten überschatten kaum das Laubwerk und verstärken die „flauschige" Erscheinung. Das Gras bevorzugt die Nähe zu Steinen oder Kieseln. Hier krönt die Züchtung 'Aureola' die runden Buchspflanzen an den Ecken dieses kleinen Hofes [Gestaltung: Timothy Vaughan].

Im Weingut Rayol flankiert Wolliges Lampenputzergras (*Pennisteum villosum*) einen der Wege. Diese sehr wärmeliebende Art bildet den Sommer und Herbst hindurch üppig voluminöse, flauschige Blütenstände von watteweißer Farbe. Im Laufe der Jahre werden die Pflanzen immer dichter und wirken anschmiegsamer und weicher.

Unter den kurzlebigen Gräsern, die man im April oder Mai zeitgleich mit den einjährigen Blütenstauden aussät, ist die Mähnen-Gerste (*Hordeum jubatum*) zur Anlage einer besonders sanften Rabatte am besten geeignet. Die Grannen schimmern erst rosafarben, später beim Trocknen werden sie goldbraun.

Eine halbwilde Wiese

Bei großen Flächen, wie beispielsweise Obstplantagen, sind gezielte Pflanzungen zu kostspielig, aber man kann leicht die von selbst aufgegangene Flora einsetzen. Oft erweisen sich die naturgegebenen Gräser als sehr schön, sofern man ihnen den gesamten Vegetationszyklus ohne Mahd zugesteht. Sie werden durch regelmäßig gemähte, einheitlich grüne Rasenstreifen in Szene gesetzt. [Gestaltung: R. & L. Hillen]

Die Sonne wirft einen zauberhaften Glanz auf die höheren Gräser. Dadurch heben sie sich von den gemähten Flächen noch deutlicher ab. Wenn man sie stehen lässt, fangen die getrockneten Fruchtstände den Tau und Reif ein und dieses wunderbare Bild bleibt bis Ende Januar erhalten. Spätestens dann sollte gemäht werden, damit ein neuer Vegetationszyklus beginnen kann.

Links: Wilde Gräserarten wachsen gewöhnlich nicht in isolierten Gruppen sondern bunt durchmischt. Sie blühen der Reihe nach, und oftmals zeigen ihre Blütenstände unterschiedlichste Formen, wie Ähren oder Rispen. Es wäre sehr aufwendig, diesen Effekt bei einer Pflanzung nachzuahmen.

Rund ums Schwimmbecken

Viele Schwimmbadbesitzer möchten den Bereich am Schwimmbeckenrand schön bepflanzen, weil dieser im Sommer einer der meistbesuchten Gartenplätze ist. Blumen locken jedoch jede Menge Nektar sammelnde Insekten, wie beispielsweise Bienen und Hummeln, an, die sich eigentlich mit der Nähe zum Wasser und nackten Füßen kaum vertragen.
Manche Gartenbesitzer sind auf langlebigen aber blütenlosen Bambus verfallen, mussten dann aber erkennen, dass sich der Bambus das ganze Jahr über verjüngt und ständig Blattwerk abwirft. Gräser haben keinen dieser Nachteile und beleben die Gartenfläche um das Wasser sorgenfrei und ohne viele Umstände.

Am Becken reiht sich Mexikanisches Fiedergras (*Nassella tenuissima*) im Abstand von 50 cm zu einer zarten, wellenförmigen Landschaft – ganz passend an dieser Stelle.

Unten und rechts: Etliche üppige Horste von *Pennisetum alopecuroides* fo. *viridescens* akzentuieren die Längsseite, die noch größeren *Miscanthus*-Arten beleben den Hintergrund. Das ist dezent und weniger gefährlich als Blumen! [Gestaltung: R. & L. Hillen]

Gräser im Winter

Eine der Faustregeln zur erfolgreichen Gestaltung mit Gräsern besagt, dass man sie nicht zum Winteranfang schneiden sollte, auch wenn sie gelegentlich nicht mehr ordentlich aussehen. Ein wenig Reif oder Schnee genügen, um sie wieder interessant zu machen und ihre winterliche Schönheit hervorzuheben. Auch aus praktischer Sicht sollten ihre Blätter und Halme erhalten bleiben, denn die feuchtigkeitsempfindlichen Gräserarten überstehen den Winter dann besser. Werden die Halme abgeschnitten, kann das Wasser in die Schöpfe eindringen und diese Feuchtigkeit führt oftmals zum Verfaulen.

Eine hübsche Mischung bilden Pampasgräser (*Cortaderia selloana*) und gestreiftes Chinaschilf (*Miscanthus sinensis* 'Variegatus'). Die Streifen entwickeln sich im September und bleiben den gesamten Herbst hindurch attraktiv. [Gestaltung: E. Ossart und A. Maurière]

Sollten Ihnen die trockenen Blätter von *Miscanthus* zu ungepflegt erscheinen, entfernen Sie sie einfach. Auch die blattlosen trockenen Halme verleihen diesem Chinaschilf bis zur Magnolienblüte (*Magnolia stellata*) in das Frühjahr hinein Präsenz und Volumen. [Gestaltung: A. Thomas]

Die großen Gräser der ersten Abbildung bieten auch unter Raureif (rechts) oder einer dünnen Schneeschicht (oben) einen zauberhaften Anblick. [Gestaltung: E. Ossart und A. Maurière]

Das wunderbare blaue Laubwerk des Dünengrases (Gemeiner Strandroggen, *Leymus arenarius*) hebt die purpurroten Farben dieser Alten Rose wunderbar hervor. Das als stark wuchernd geltende Gras hat keinerlei Nachteil für die robuste Strauchrose.

Links: Fiedergras passt überall, auch zu diesem kleinen, tiefroten Rosenstock. Das zarte Grün belebt die etwas matte Farbe der Rose, bei einer leuchtenden Blütenfarbe würde es dagegen eine ausgleichende Wirkung haben. [Jardins de Maizicourt]

Kulisse für die Rosen

Zu Rosen passen am besten kleinblütige Pflanzen, die ihnen als Beiwerk dienen und diese Superstars der Gärten ins rechte Licht setzen. Gräser erfüllen diesen Anspruch besonders gut und eignen sich für alle Rosensorten, Alte oder Moderne, einfache wie gefüllte. Es gilt nur eine Bedingung zu erfüllen: Man muss Gräser pflanzen, die weniger wuchskräftig sind als die Rosenstöcke.

Eine schöne Verbindung von Frühblühern gehen hier *Rosa* 'Complicata' (eine Gallica-Sorte) und Riesen-Federgras (*Stipa gigantea*) ein. Dieses Gras sieht mit seinen herrlichen Fruchtständen bis in den Herbst hinein hübsch aus.

Diese wundervolle Mischung von panaschiertem Gras (*Miscanthus sinensis* 'Variegatus') und weißen Rosen (*Rosa* 'Iceberg') steht im Jardin de l'Alchimiste. Leider überwuchern die wuchskräftigen Gräser die Rosen. Eine Vergesellschaftung wäre mit *Calamagrostis* 'Overdamn' oder Gewöhnlichem Bandgras (*Phalaris arundinacea* 'Picta') eher gelungen.

Als Kübelpflanzen

Gräser haben weder die leuchtenden Farben von Pelargonien, noch die Blütendichte von Hängepetunien, aber sie sind trotzdem perfekte Kübelpflanzen. Sie bieten über einen langen Zeitraum hinweg einen Ziereffekt, ohne großen Pflegeaufwand zu verursachen. Durch die Wahl von Arten und Sorten, die wenig Wasser benötigen, macht man sich die Topfkultur von Gräsern noch einfacher.

Paarweise flankieren die Töpfe einen Weg und bilden eine Symmetrie. Zwei Büschel von *Nassella tenuissima* mit ihrer hellen Farbe kontrastieren schön mit den schwarzen Töpfen. Man sollte nicht vergessen die Töpfe am Grund zu beschweren, damit sie stabil stehen.

Die Ziegelrote Neuseeland-Segge (*Carex testacea*) ist von eigenwilliger Kupferfarbe, aber sehr interessant, sofern man mit diesem Effekt spielt, indem man sie in Metallkübel pflanzt. Dreiergruppen wirken sehr rhythmisch und ausgewogen, vor allem bei einer Wiederholung an anderer Stelle (in Form von drei Liegestühlen und einer weiteren Gruppe von Kübeln). [Gestaltung: Anthony Paul]

Optisch warm wirkt dieses Blutgras (*Imperata cylindrica* 'Red Baron') in großen quadratischen Kübeln im gleichen Rotton. Das Tüpfelchen auf dem i ist der Kunststoff: durchscheinend wie die Blätter. [Gestaltung: J. Poortvliet]

Ein weiterer Schlager: *Pennisetum orientale* 'Karley Rose' in großen würfelförmigen Kübeln auf der anderen Seite der Terrasse. Diese Art verträgt die Trockenheit gut. [Gestaltung: J. Poortvliet]

Links: Auf einer mit Sträuchern und mehrjährigen Stauden bepflanzten Terrasse steht in einem der Kübel eine *Pennisetum*-Art, die einen wunderbaren smaragdgrünen Horst bildet, bevor sie sich im Herbst mit vielen silbrigen Blütenständen schmückt. Rechts: Aus anderem Blickwinkel auf dieselbe Terrasse sieht man weitere Büschel, die zur Rahmung der Sitzbank dienen.

Grasvorhänge

Reihenpflanzungen von hochwüchsigen Gräsern bilden mehr oder weniger dichte Vorhänge, die zuweilen eine echte Hecke aus Sträuchern durchaus vorteilhaft ersetzen können. Verwendet man Arten, die weniger voluminös wachsen, so kann man durchscheinende oder durchsichtige Pflanzenvorhänge damit gestalten.

Eine kleine Terrasse mit einer Einfassung aus einer einzelnen Reihe Riesen-Chinaschilf (*Miscanthus* × *giganteus*) wird zur Oase der Ruhe, wo man ungestört lesen kann. Von hier aus lässt sich auch noch verfolgen, was in der Umgebung passiert, ohne dass man gesehen wird. Eventuell muss die Vegetation des Chinaschilfs etwas gelichtet werden, während es wächst. [Gestaltung: P. Garbe/ Les Jardins Fruitiers de Laquenexy]

Als elegante Einfassung des Obstgartens dient eine hübsche Reihe Rohr-Pfeifengras (*Molinia caerulea* subsp. *arundinacea*). Den Sommer über transparent, wird es im Herbst leuchtend gelb oder golden. Die blassviolette Eisenkraut-Art *Verbena bonariensis* trägt Farbtupfer bei, ohne zu stören. [Gestaltung: P. Garbe/Les Jardins Fruitiers de Laquenexy]

Als Ausgleich zur Architektur

Wenn eine Mauer oder Treppe zu wuchtig scheint, wenn eine Bauform oder eine Einfassung optisch zu viel Gewicht hat, dann lockern Gräser die Szene auf und verändern so den Eindruck. Dieser Effekt ist leicht zu haben, sofern man Gräser wählt, die die Trockenheit gut vertragen. Denn Böden in der Nähe von Baukörpern sind gewöhnlich trockener als andere Gartenflächen.

Eine Einfassung aus aneinandergereihten Kastanienpfosten ist schon eigenwillig, aber der Einsatz des wuchernden Sibirischen Lampenputzergrases (*Pennisetum incomptum*) in allen Ritzen gibt ihr ein ganz ungewöhnliches Aussehen. Der lichte Anblick der Blütentrauben lässt dabei die starren, dunkel gestrichenen Pfosten fast vergessen.

Links: Der schöne Horst Sibirischen Lampenputzergrases (*Pennisetum incomptum*) fängt das Licht ein und lässt dieses Gartenhaus ganz in der umgebenden Natur aufgehen. Die Art breitet sich gewöhnlich wuchernd aus, in diesem Fall wird sie aber durch den befestigten Weg im Zaum gehalten.

Diese Holztreppe wirkt sehr wuchtig, weil Tritte und Fronten aus massiven, nicht-abgerundeten Planken bestehen und auch keine Geländer vorhanden sind. Der Landschaftsgestalter entschied sich daher an der Treppe für eine Bepflanzung mit Zebragras (*Miscanthus sinensis* 'Zebrinus'). [Gestaltung: Anthony Paul]

Gräser und Formschnitt

Topiary, also Formschnitte, aus Eiben oder Buchs in geometrischen oder fantasievollen freien Formen wirken nicht so streng wie Mauern oder Zäune, gewinnen jedoch trotzdem viel durch die Präsenz von Gräsern in ihrer Nachbarschaft. Der Kontrast zwischen dem wogenden, manchmal diffusen, aber immer leichten und bewegten Laubwerk und der ordentlich getrimmten und unbeweglichen Form ist stets reizvoll. Damit werden die traditionellen Zierschnitte modern. Und es ist eine gute Möglichkeit, die klassische Beetgestaltung im französischen Stil weiterzuentwickeln.

Die jüngst vor den riesigen Formschnitten von Schloss Pange gesetzte *Miscanthus*-Reihe erlaubt eine veränderte Betrachtung dieses historischen Ortes. Farben und Texturen stehen nun im Kontrast und machen die Anlage lebendiger.

Eines der klassischen Parterres à la française mit Hecken und Buchs-Formschnitten wird durch die glitzernden Halme von *Miscanthus sinensis* 'Morning Light' aufgehellt. Diese besonders helle und elegante Züchtung ist in diesem Umfeld durch ihr gemäßigtes Wachstum, ihre Leichtigkeit und ihre lang anhaltende Attraktivität ideal.

Gräser und Formschnitt

In den Gärten von Séricourt wird ein Block quaderförmiger Formschnittgehölze im Mittelpunkt einer geometrischen Gestaltung von einem Horst *Miscanthus sinensis* 'Gracillimus' flankiert. Im Sommer grün, verfärbt sich das Gras im Herbst schön fahlrot-gelblich. [Gestaltung: Yves Gosse de Gorre]

Die wolkenförmig geschnittene Kiefer zeigt sicherlich nicht die Schwere eines geometrischen Formschnitts, aber durch den Schnitt bleibt sie doch relativ statisch. Sie bildet dadurch einen Kontrast zum Hakone-Waldgras (*Hakonechloa macra*), dem Inbegriff von Geschmeidigkeit. [Gestaltung: A. Thomas]

Oben und rechts: In diesem flandrischen Garten schlängelt sich eine Reihe von Buchskugeln, die teilweise von Hakone-Waldgras (*Hakonechloa macra*) flankiert wird. Das grüne und leuchtende Gras zeigt im Frühling einen silbrigen Schimmer (rechts) und wird im Herbst wunderbar goldbraun. Das Laub trocknet und bleibt über den Winter fahl stehen, bis die neuen Triebe die noch vom Winter erschöpften Zierschnitte wecken. Die großen Blätter gehören zu den Paulownien (*Paulownia tomentosa*), die alljährlich im Spätwinter eingekürzt werden. [Gestaltung: Guido Spruyt]

Nachfolgende Doppelseite:
Stipa gigantea (hinten), *Miscanthus* 'Purpurascens' (links) und *Calamagrostis* × *acutiflora* 'Karl Foerster' (rechts) sind hier im Schaugarten der Gärtnerei Brochet-Lanvin zu sehen.

Sortiment der Gräser

Die Kultur von Gräsern ist nicht besonders schwierig und jeder kann damit Erfolg haben, auch Gartenneulinge. Es sind lediglich die kleinen Ansprüche jeder Art zu bedenken, damit die Gräser im jeweils geeigneten Boden gesetzt werden können. Die einzige wirkliche Schwierigkeit ist die Einschätzung der Bodenfeuchtigkeit im Winter, denn in dieser Jahreszeit treten die größten Probleme auf. Manche Arten, wie das Mexikanische Fiedergras (*Nassella tenuissima*), vertragen einen triefnassen, aufgeweichten Boden überhaupt nicht. Umgekehrt überleben aber die an feuchte Böden angepassten Gräser längere Zeit in trockeneren Böden.

Ein zweiter wichtiger Punkt ist die tatsächliche Wuchshöhe der Gräser. Manche Arten erreichen ihre Endgröße schon im ersten Jahr, andere, wie das Chinaschilf, brauchen dafür 2 bis 4 Jahre. Wenn Sie also einen sofortigen Effekt sehen möchten, sollten Sie sich kräftige Horste kaufen, die ihr charakteristisches Aussehen rasch entwickeln.

Das Sortiment von Gräserarten und -züchtungen wurde auf der Grundlage der vorhergehenden Seiten erstellt und um einige andere „unabdingbare“ Arten erweitert. Jede Beschreibung ist nach den grundlegenden Merkmalen gegliedert und wie ein kleiner Merkzettel aufgebaut.

Echtes Federgras (*Stipa pennata*) gedeiht gut in eher trockenen Böden, wo es sich überall aussät. Allerdings übersteht es den Winter in staunassen Böden nicht. Derartige Informationen sind wichtig für eine gezielte Auswahl.

Anemanthele lessoniana

Fasanenschwanzgras. Eine neuseeländische Art, die für ihre Blüten und die ab Sommer kupferfarbenen Blätter bekannt ist. Bildet innerhalb von 2 bis 3 Jahren einen bis zu 1 m hohen und breiten Horst mit sehr biegsamen Blättern, auch wenn sie im Winter getrocknet sind. Für fette, gut wasserdurchlässige Böden. Winterhart bis −8 °C.

Arundo donax 'Variegatus'

Pfahlrohr. Eine 2–3 m hohe Art mit großen Blättern, die erst cremefarben, später weiß gerandet sind. Am besten alljährlich im April zurückschneiden, damit sich frisches Laubwerk entwickelt. Für alle nicht zu trockenen Böden geeignet. Winterhart bis −15 °C.

Calamagrostis × acutiflora 'Karl Foerster'

Reitgras. Eine bekannte Sorte, die steife, gerade Halme und ab Juli fiedrige Blütenstände ausbildet. Nach dem Trocknen bleiben sie bis in den Spätwinter hinein stehen, vermutlich weil sie steril sind und nicht durch Samenkörner heruntergezogen werden. Für gut wasserdurchlässige Böden. Winterhart bis −30 °C.

Calamagrostis brachytricha

Diamantgras. Entwickelt rasch schöne Horste mit blühenden Halmen von etwa 1 m Höhe, die besonders für ihren Silberschimmer in herbstlichem Tau und ihr Lichtspiel bekannt sind. Für fette, frische, aber gut wasserdurchlässige Böden. Winterhart bis −12 °C.

Carex elata 'Bowle's Golden'

Steife Segge. Auch als *Carex elata* 'Aurea' im Handel. Aufgrund der leuchtend gelben Frühlingsfärbung bis in den Juni hinein sehr interessant. Steht gerne im Wasser und bildet feste, nicht wuchernde Bülten. Erreicht innerhalb von 3 bis 4 Jahren 1 m Höhe und Durchmesser. Für Sonne oder Halbschatten. Winterhart bis –24 °C.

Carex flagellifera

Peitschen-Segge. Eine auf den ersten Blick merkwürdige, aber interessante Art, wie bei *C. comans* und *C. testacea* mit kupferfarbener Tönung. Wuchshöhe 30–50 cm, Lebensdauer 3 bis 5 Jahre, dann verschwindet das Gras, nachdem es sich gewöhnlich selbst ausgesät hat. Für frische, wasserdurchlässige Böden. Winterhart bis –15 °C.

Chasmanthium latifolium (Syn. *Uniola latifolia*)

Breitblättriges Plattährengras. Eine im Frühling sehr schöne Art mit großen Blättern, die im Licht gut zur Geltung kommen. Sie wird im Sommer und Herbst spektakulär, sobald sich die großen herzförmigen Ährchen bilden. Bevorzugt Halbschatten und frische, wasserdurchlässige Böden. Winterhart bis –24 °C.

Cortaderia selloana

Pampasgras. Ein Bültengras mit überhängendem Laubwerk, an dem man sich schneiden kann. Wird 1–1,2 m hoch und breit und bildet bei älteren Exemplaren federbuschartige Blütenstände auf bis zu 2 m hohen Halmen. Für normale Böden. Winterhart bis –12 °C.

Deschampsia cespitosa

Rasen-Schmiele. Wächst natürlich auf feuchten, sumpfigen Standorten, gedeiht aber auch auf trockeneren, humusreichen Böden. Die goldenen Blütenstände von 40–50 cm Höhe bilden sich im Juli und bleiben lange attraktiv. Wintergrün; winterhart bis −29 °C.

Festuca glauca

Blau-Schwingel. Etwa 15 cm hohes Gras mit schopfartigem Wuchs, in den ersten beiden Jahren von intensiv blauer Farbe, dann blasser werdend. Sät sich aus oder sollte geteilt werden. Für normale, auch trockene, eher kalkhaltige Böden. Verträgt keine übermäßige Nässe. Winterhart je nach Sorte, meist bis −29 °C.

Hakonechloa macra

Hakone-Waldgras. Eine japanische Grasart mit langem, geschmeidigem Laubwerk in Smaragdgrün, das langsam (3 bis 4 Jahre) Horste von 50 cm Höhe und Durchmesser bildet. Hübsche kupferfarbene Blüte im Sommer, kupferfarben getöntes Laub im Winter. Für frische Böden, verträgt aber auch trockene Böden in Schattenlage. Winterhart bis −12 °C.

Hakonechloa macra ‘Aureola’

Hakone-Waldgras. Wunderbare leuchtende Sorte mit gelben, grünen und rosafarbenen Blättern im Spätsommer und Herbst. Sehr langsames Wachstum: braucht 5 Jahre, bis sich ein Horst von 50 cm Durchmesser entwickelt hat. Gedeiht am besten auf humosen, frischen Böden. Winterhart bis −12 °C.

Hordeum jubatum

Mähnen-Gerste. Mehrjährige, aber kurzlebige Art, daher Aussaat im Herbst oder im zeitigen Frühjahr, damit sich im Juni/Juli die Ähren mit den langen feinen Grannen bilden. Bestens für Trockensträuße geeignet. Höhe etwa 60 cm. Junge Triebe bis etwa –12 °C winterhart.

Imperata cylindrica 'Red Baron'

Japanisches Blutgras. Eine wundervolle asiatische Sorte mit aufrechten grünen Blättern (30–50 cm), die sich zum Sommeranfang leuchtend rot verfärben. Bei Lehmböden langsamer wachsend, in leichten Böden wuchernd. Bevorzugt nährstoffreiche Böden. Winterhart bis –18 °C.

Leymus arenarius

Gewöhnlicher Strandroggen. Wächst wild auf Dünen, die er dank der kräftigen Rhizome stabilisiert. Die metallisch blauen Blätter und Halme sind auf nährstoffarmen, sandigen Böden intensiver gefärbt. Winterhart bis –18 °C. Vorsicht bei Vergesellschaftung mit weniger wuchskräftigen Pflanzen.

Melica ciliata

Gewimpertes Perlgras. Bildet Horste mit feinen Halmen und geraden, fast weißen, länglichen Blütenähren. Die wunderschönen Blütenstände erscheinen im Juni. Für einen ordentlichen Wuchs das Gras am besten im September zurückschneiden. Bevorzugt wasserdurchlässige Böden und volle Sonne. Windverträglich; winterhart bis –18 °C.

Miscanthus × giganteus

Riesen-Landschilf. Attraktiver und auffälliger als alle anderen Arten der Gattung dank der großen herabhängenden Blätter, die wie ein Springbrunnen wirken. Erreicht nach einigen Jahren am Standort bis zu 4 m Höhe. Für nährstoffreiche und frische Böden. Winterhart bis −29 °C.

Miscanthus nepalensis

Himalaja-Chinaschilf. Noch relativ wenig verwendete Art mit anmutig nickendem, länglichem Blütenstand. Gedeiht nur gut bei Wärme und Feuchtigkeit. Für frische, wasserdurchlässige Böden. Verträgt Temperaturen unter −3 °C schlecht.

Miscanthus 'Purpurascens'

Silber-Chinaschilf. Straff aufrechter Habitus von geringer Höhe (1–1,2 m). Die aufrechten, rötlichen Ähren erscheinen im August oder September und verfärben sich rasch silbrig. Das Blattwerk wird ab Herbstanfang rötlich. Für lockere, frische Böden. Winterhart bis −29 °C.

Miscanthus sinensis 'Ferner Osten'

Silber-Chinaschilf. Sehr elega
Pflanze mit feinen, bogenför
überhängenden Blättern in ti
fem Grün. Die zu Beginn der
Blüte kupferroten Blütenstän
ragen deutlich über das Laub
werk hinaus und werden spä
silbrig. Die Sorte 'Rotsilber' is
vergleichbar. Für frische, wasserdurchlässige Böden. Winterhart bis −18 °C.

Miscanthus sinensis 'Gracillimus'

Silber-Chinaschilf. Bekannt für feines Laubwerk, aufrechte, nach oben gerundete Horste mit Wuchshöhen von etwa 2 m. Blüht nur im Spätsommer nach sehr heißen Phasen. Die rötlichen Blüten verfärben sich nach dem Verblühen silbern. Normale, nicht zu trockene Böden. Winterhart bis −23 °C.

Miscanthus sinensis 'Variegatus'

Silber-Chinaschilf. Eine Sorte, die sehr leuchtendes, grünes Laubwerk mit weißen Längsstreifen bildet und langsam zu Horsten von durchschnittlich 2 m Höhe heranwächst. Kommt nur nach einem heißen Sommer zu Blüte. Blütezeit: Spätsommer. Für frische, aber wasserdurchlässige Böden, gedeiht besonders gut im Halbschatten. Winterhart bis −23 °C.

Miscanthus sinensis 'Yakushima Dwarf'

Silber-Chinaschilf. Auch als 'Yaku Jima' im Handel. Ein Gras mit sehr feinem Laubwerk, das 60–80 cm, in der Blütezeit bis 1 m hoch wird. Es breitet sich langsam aus, was bei Rabatten oder zur Bildung von kleinen Wogen nützlich ist. Für normale Böden und eher frische Standorte geeignet. Winterhart bis −18 °C.

Miscanthus sinensis 'Zebrinus'

Zebragras. Eine etwa 2 m hohe Sorte mit recht langen, mittelgrünen Blättern, die in unterschiedlichen Abständen gelbe Querstreifen tragen. Sie sehen aus der Nähe etwas eigenartig aus, verleihen dem Gras aber eine leuchtende Wirkung. Für wasserdurchlässige, frische Böden. Winterhart bis −23 °C.

Molinia caerulea subsp. *arundinacea*

Rohr-Pfeifengras. Ein elegantes horstbildendes Gras mit einer Wuchshöhe von bis zu 2 m. Die feinen durchscheinenden Halme wachsen aus einem Schopf von etwa 50–60 cm hohen Blättern empor. Im Sommer grün, verfärben sich Halme und Laub im Herbst gelb und orange. Für eher feuchte Böden. Winterhart bis −29 °C.

Molinia caerulea 'Variegata'

Blaues Pfeifengras. Das Laubwerk erreicht etwa 25 cm Höhe und ist im Frühlingsaustrieb gelb mit weißlichen Streifen. Im Juni erscheint ein Büschel gelber Halme, die etwa 50 cm Länge erreichen und bemerkenswerte schwarze Blütenstände tragen. Für frische oder feuchte Böden. Winterhart bis −23 °C.

Nassella tenuissima (Syn. *Stipa tenuissima*)

Mexikanisches Fiedergras. Bildet sehr feines, mittelgrünes Laub, das von langen silbernen und später goldenen Ähren überragt wird. Die Blütenstände überdauern den Herbst und Winter. Für leichte, sandige, wasserdurchlässige Böden; am geeigneten Standort versamt es sich gut. Winterhart bis −12 °C.

Panicum virgatum

Rutenhirse. Ein 1–1,5 m hohes Gras aus der amerikanischen Prärie. Grünes Laubwerk mit bläulicher oder roter Tönung, je nach Sorte. Darüber leichte, im Herbst oft rosafarbene Blütenstände. Für nährstoffreiche, frische Böden. Winterhart bis −23 °C.

Pennisteum incomptum

Sibirisches Lampenputzergras. Eine Art, die sich auf durchlässigen Böden fast unkrautartig vermehrt. Sie hat feine, schmale Blätter und zylinderförmige, sehr lange, silberne Ährenrispen. In feuchten Böden erfriert sie, in wasserdurchlässigen Böden (bei Mauersockeln o. Ä.) dagegen ist sie winterhart bis –29 °C.

Pennisetum alopecuroides

Japanisches Federborstengras. Eine robuste Art, die in schmalen Horsten wächst. Ab August bilden sich je nach Züchtung Ähren mit seidigen purpurnen oder silbernen Grannen. Manche entwickeln sehr schöne Herbstfärbungen. Für wasserdurchlässige Böden. Winterhart bis –12 °C bei feuchten Böden.

Pennisetum orientale

Feines Lampenputzergras. Eine Art mit unregelmäßigen, watteartigen Blütenständen in Rosé (in kräftigem Rosa bei 'Karley Rose'), die aus einem smaragdgrünen, etwa 60 cm hohen, halbkugeligen Schopf emporwachsen. Für wasserdurchlässige Böden in voller Sonne. Winterhart bis –12 °C.

Pennisetum setaceum

Afrikanisches Lampenputzergras. Eigentlich mehrjähriges Gras, jedoch frostempfindlich. Aus dem purpurnen Laubwerk von 1–1,2 m Höhe erscheinen ab Juli rote und silbrige Blütentrauben. Oft vergesellschaftet mit einjährigen oder bedingt winterharten Pflanzen, die man unter Glas überwintert.

Sesleria autumnalis

Herbst-Blaugras. Eine kaum bekannte Art, aber wegen ihres struppig-harten gelb-grünen Laubes sehr brauchbar. Sie trägt aufrechte Halme mit silbrigen, später dunkleren Blüten. Schneidet man das Gras einmal jährlich, so bleibt es schopfartig oder bildet Rasen. Für normale oder frische, aber wasserdurchlässige Böden. Winterhart bis −18 °C.

Stipa gigantea

Riesen-Federgras. Bildet Horste mit steifem, blaugrünem Laubwerk von 30–40 cm Höhe, aus dem kahle Halme von 1–1,8 m Höhe wachsen, bekrönt von goldenen Rispen. Die Blütenstände bleiben im Sommer über lange Zeit erhalten. Für wasserdurchlässige, eher trockene Böden. Winterhart bis −7 °C.

Stipa splendens Neuer Name: *Achnatherum splendens*

Glänzendes Raugras. Wird als das beste aller Gräser angesehen, weil es auf allen Böden gedeiht und das ganze Jahr über schön bleibt. Beim Trocknen bewahren die Blütenrispen ihre Elastizität und richten sich auch nach Regen oder Schnee wieder auf. Wuchshöhe: 1,2 m. Winterhart bis −12 °C.

Sporobolus heterolepis

Prärie-Fallsamengras. Kaum bekanntes, äußerst langlebiges Gras, das einen feinen, lichtgrünen Horst bildet. Im Sommer erscheinen lockere Blütenrispen, die sich später golden färben. Die kleinen Samen verströmen einen Curryduft, wenn man sie zerdrückt. Für alle nicht zu feuchten Böden. Winterhart bis −29 °C.

Adressen

Landschaftsarchitekten und -gestalter

Agence Oxalis
contact@oxalis-landscape.ch

Piet Blanckaert
www.pietblanckaert.com

Benoît Bourdeau
www.benoitbourdeau.com

Christopher Bradley-Hole
www.christopherbradley-hole.co.uk

Atelier Callarec
www.ateliercallarec.fr

Jean-Jacques Derboux, Jardin Gecko
www.geckojardin.com

David Frendo,
www.savoirvert.com

Jikke & Lucien Hamerpagt
www.locusflevum.nl

Lætitia Krumenacher, Landschaftsgestalterin
www.laetitiakrumenacher-jardin.com

Arnaud Maurières & Eric Ossart
www.maurieres-ossart.com

Piet und Anja Oudolf
www.oudolf.com

Anthony Paul
www.anthonypaullandscapedesign.com

Poortvliet & Partners
www.poortvlietenpartners.nl

Anton Schouten
anton@sparcs.eu

Roland Specker
www.specker-paysagiste.fr

Guido Spruyt
www.guidospruyt.be

Kristof Swinnen
www.swinnenstore.be

Alexandre Thomas
www.jardins-agapanthe.fr

Erwan Tymen
www.erwantymen.com
contact@erwantymen.com

Öffentlich zugängliche Gärten

Château de Pange
57 530 Pange
www.chateaudepange.fr

Les Jardins Agapanthe
1, Impasse Agapanthe,
76 850 Grigneuseville
www.jardins-agapanthe.fr

Le Jardin de l'Alchimiste
Mas de la Brune
13 810 Eygalières-en-Provence
www.jardin-alchimiste.com

Le Jardin de Berchigranges
9, route du Tholy
88 640 Granges-sur-Vologne
www.berchigranges.com

Jardin & Pépinière Brochet-Lanvin
La Presle
51 480 Nanteuil-la-Forêt
www.jardin-brochetlanvin.com

Le Jardin d'Entêoulet
32 550 Lasseube-Propre
www.lejardindenteoulet.kazeo.com

Le Jardin François
Les Clos
61 340 Préaux du Perche
www.jardin-francois.com

Les Jardins de Maizicourt
80 370 Maizicourt
www.jardinsdemaizicourt.com

Le Jardin Plume
76 116 Auzouville-sur-Ry
www.lejardinplume.com

Les Jardins de la Poterie Hillen
65 230 Thermes Magnoac
www.poterie.fr

Les Jardins de Séricourt
2, rue du Bois
62 270 Séricourt
www.jardindesericourt.com

Le Jardin du Vasterival
346, allée Albert-Roussel,
76 119 Sainte Marguerite-sur-Mer
www.vasterival.fr

Parc André Citroën
75 015 Paris

Parc Floral du Bois des Moutiers
Route de l'église
76 119 Varengeville-sur-mer
www.boisdesmoutiers.com

Old Vicarage Gardens
East Ruston
Norwich NR129HN
Norfolk
Großbritannien
www.e-ruston-oldvicaragegardens.co.uk

Marchants Hardy Plants
2 Marchants Cottages
Mill Lane
Laughton
East Sussex
Großbritannien
www.marchantshardyplants.co.uk

Rammekenshof
Rammekensweg 11
4389TZ Ritthem
Niederlande
www.rammekenshof.nl

Anbieter von Gräsern

Die nachfolgenden Adressen sind nach Postleitzahlen sortiert.

Lux Staudenkulturen
Gärtnerweg 39
01796 Pirna OT Graupa
www.luxstauden.de

Gärtnerei Felgenträger
Teslastr. 10
04349 Leipzig
www.felgentraeger.com

Foerster-Stauden GmbH
Am Raubfang 6
14469 Potsdam-Bornim
www.foerster-stauden.de

Staudenkulturen Mühring
Hauptstr. 167
26810 Westoverledingen

Jelitto Staudensamen GmbH
Postfach 1264
29685 Schwarmstedt
www.jelitto.com

Staudenkulturen Stade
Beckenstrang 24
46325 Borken-Marbeck
www.stauden-stade.de

grasland
Im Rosengarten 19
51381 Leverkusen
www.gras-land.de

Ziergräser Hensen
Degerstraße 19
52441 Linnich-Boslar
www.ziergraeser-hensen.de

Müller & Pfützner GmbH
Westerbachstraße 247
65936 Frankfurt am Main (Sossenheim)
www.gartencenter-frankfurt.de

Staudengärtnerei Kirschenlohr
Im Lammsbauch 29
67346 Speyer
www.stauden-kirschenlohr.de

Baumschule Huben
Schriesheimer Fußweg 7
68526 Ladenburg
www.huben.de

Ewald Hügin
Zähringerstr. 281
79108 Freiburg
www.gaertnerei-huegin.schlepprock.de

Staudengärtnerei Gaissmayer
Jungviehweide 3
89257 Illertissen
www.gaissmayer.de

Sortiments- und Versuchsgärtnerei Simon
Staudenweg 2
97828 Marktheidenfeld
www.gaertnerei-simon.de

Belgien
Vaste-plantenkwekerij Jan Spruyt
Mostenveld 30
9255 Buggenhout
www.perennials.be

Niederlande
De Hessenhof
Hessenweg 41
6718 TC EDE
www.hessenhof.nl

Anja und Piet Oudolf
Broekstraat 17
6999 DE Hummelo
www.oudolf.com

Österreich
Sarastro-Stauden
Ort 131
4974 Ort/Innkreis
www.sarastro-stauden.com

Stauden Feldweber
Ort 139
4974 Ort/Innkreis
www.feldweber.com

Schweiz
Hospenthal-Kägi
Landstrasse 37
5417 Untersiggenthal
www.hospenthal-kaegi.ch

Frikarti Stauden AG
Oberzelg 4
8627 Grüningen
www.frikarti.ch

Rechts:
Sommerliche Ansicht von *Stipa capillata* im Hof von Bury Court in einer Pflanzung mit Lavendel, Alpen-Mannstreu (*Eryngium alpinum*) und Rostigem Fingerhut (*Digitalis ferruginea*).

Bildnachweis

Aufnahmen von Philippe Perdereau
Ein herzliches Dankeschön allen Gartengestaltern.

Seiten 12 bis 19: Marchants Hardy Plants
Seiten 20 bis 29 und Titelbild: Erwan Tymen
Seiten 30 bis 41 und Seiten 6, 167, 164 ur: Piet und Anja Oudolf
Seiten 42 bis 51 und 10–11: Locus Flevum
Seiten 64 bis 71 und 157, 158, 159, 164: Rammekenshof
Seiten 72 bis 83 und 8–9: Christopher Bradley-Hole
Seiten 84 bis 89: Roland Specker
Seiten 98 bis 105: Poortvliet & Partners
Seiten 106 bis 111 und 143: Kristof Swinnen
Seiten 112 bis 127 und 8–9: Piet Blanckaert
Seite 128: Jardin d'Entêoulet
Seiten 130 bis 131 und 144, 162: Atelier Callarec
Seiten 132 l: Timothy Vaughan, Tréguier.
Seiten 134 bis 137: Les jardins de la Poterie Hillen
Seiten 140: Michel Perrier & Laurence Berger, Auch.
Seiten 142, 147 Mitte: Anthony Paul
Seiten 146, 156, 163, 165: Jardin Gecko Jean-Jacques Derboux
Seiten 152,153: Jardin & Pépinière Brochet-Lanvin
Seiten 148, 149, 8, 9: Old Vicarage Gardens
Seiten 150–151: Guido Spruyt

Aufnahmen von Joëlle und Gilles le Scanff-Mayer
Seiten 8–9: Le Jardin de Berchigranges/Monique & Thierry Dronet
Seiten 52–63: Le Jardin Plume/Sylvie & Patrick Quibel
Seiten 90–97: Benoît Bourdeau
Seite 132 rechts: David Frendo/Ramatuelle
Seite 136 oben: Agence Oxalis
Seiten 138–139: Arnaud Maurières & Eric Ossart
Seite 138 unten: Le Jardin François
Seite 140: Les Jardins de Maizicourt
Seiten 140–141: Le Jardin de l'Alchimiste/Arnaud Maurières & Éric Ossart
Seite 141: Le Jardin de Talos
Seiten 142–143 oben: Lætitia Krumenacher
Seite 143 unten: Lætitia Krumenacher
Seiten 144–145: Les Jardins Fruitiers de Laquenexy
Seite 148: Château de Pange
Seite 150 oben: Les Jardins de Séricourt/Yves Gosse de Gorre
Seite 150 unten: Alexandre Thomas
Seite 156 unten links: Le Jardin Plume/Sylvie & Patrick Quibel
Seite 157 oben links: Lætitia Krumenacher
Seite 157 oben rechts: Le Jardin de Berchigranges/Monique & Thierry Dronet
Seite 159 unten rechts: Le Jardin Plume/Sylvie & Patrick Quibel
Seite 160 unten links: Parc floral du Bois des Moutiers
Seite 161 oben links: Parc André-Citroën
Seite 161 oben rechts: Les Jardins Fruitiers de Laquenexy
Seite 161 unten rechts: Le Jardin Plume/Sylvie & Patrick Quibel
Seite 162 oben links: Le Jardin du Vasterival
Seite 162 unten links: Les Jardins de Maizicourt
Seite 164 unten links: Les Jardins Agapanthe/Alexandre Thomas

Bibliografische Information der Deutschen Nationalbibliothek
Die Deutsche Nationalbibliothek verzeichnet diese Publikation in der Deutschen Nationalbibliografie; detaillierte bibliografische Daten sind im Internet über http://dnb.d-nb.de abrufbar.

Die französische Originalausgabe erschien unter dem Titel Philippe Perdereau/ Didier Willery, Les plus beaux jardins de graminées

Layout und Realisation: Guillaume Duprat

Wollgrasweg 41, 70599 Stuttgart (Hohenheim)
E-Mail: info@ulmer.de
Internet: www.ulmer.de
Übersetzung: Sabine Hesemann
Lektorat: Sabine Drobik, Doris Kowalzik
Herstellung: Gabriele Wieczorek
Umschlagentwurf: Freiraum K, Karen Neumeister, Stuttgart
Satz: r&p digitale medien, Echterdingen
Druck und Bindung: Firmengruppe APPL, aprinta druck, Wemding
Printed in Germany

ISBN 978-3-8001-7772-1